영어 유치원이
고민된다면

영어 유치원이 고민된다면

초판 1쇄 인쇄 2025년 4월 25일
초판 1쇄 발행 2025년 5월 13일

지은이 양민혜
펴낸곳 리틀비프레스

문의전화 02-6261-2015 **팩스** 02-6367-2020
이메일 littleB.press@gmail.com

ISBN 979-11-94451-13-6 03590

영어 유치원이 고민된다면

양민혜 지음

프롤로그

아이의 영어 리딩력, SR 6.7의 비밀

딸아이 라희가 초등학교 1학년이었을 때의 일이다.

나는 아이의 영어 리딩 지수를 측정하는 시험을 보기 위해 아이와 함께 영어 도서관을 찾았다. 그런데 시험장에 들어간 라희가 몇 분도 채 지나지 않아 바로 나오는 게 아닌가?

이건 너무 빨리 끝난 거 아닌가? 혹시 라희가 문제를 대충 풀었나? 혼자 별생각을 다 하고 있는데 선생님이 미소를 지으며 말했다.

"어머님, 아이가 다 알고 있어서 빨리 푼 거예요."

그러면서 선생님은 내게 SR 4.9라는 점수를 보여주었다.

SR 지수는 영어 리딩 수준을 측정하는 지표로, 미국 초등학생의 학년과 월별 수준을 나타낸다. 예를 들어 SR 4.9는 미국 초등학교 4학년 9개월에 해당하는 리딩 실력을 의미한다. 라희가 받은 점수 SR 4.9는 초등학교 1학년인 라희가 미국 초등학교 4학년, 그것도 거의 마지막 시점을 다니는 학생과 같은 수준의 리딩 실력을 가지고 있다는 뜻이었다.

처음에는 그저 우연히 좋은 결과가 나왔겠거니 생각했다. 하지만 6개월 후에 다시 본 시험에서는 SR 5를 넘겼고, 초등학교 2학년 때는 SR 5.8 그리고 3학년 때는 SR 6.7을 기록했다. 이쯤 되니, 라희가 시험을 찍어서 잘 본 것이 아니라는 확신이 들었다.

이 정도의 점수라면 학습식 영어 유치원을 졸업하고, 대치동의 빅3 영어 학원(ILE, 피아이, 렉스김 어학원)에 다니는 아이들과 비슷한 수준이다. 소위 '7세고시'라고 불리는 대치동 영어 학원 레벨 테스트 리딩 지문 수준이 미국 교과과정의 초등 3학년 수준이기 때문이다.

그런데 라희는 단 한 번도 영어 단어 시험을 본 적이 없고, 영어 공부로 스트레스를 받은 적도 거의 없었다. 그런

데 도대체 어떻게 이런 결과가 나올 수 있었을까?

내 동생은 라희가 영어를 잘한다는 이야기를 듣고는 라희가 얼마나 놀았는지 알기 때문인지, "에이, 언니~ 라희가 그냥 언어 재능을 타고난 거 아니야?"라고 물었다. 하지만 나는 단호하게 아니라고, 이건 당연한 '교육의 결과'라고 말했다. 나는 지금도 누구나 나처럼 아이를 교육하면 영어를 잘하는 아이로 만들 수 있다고 확신한다.

영어는 언어다. **그래서 인풋이 많이 들어가면, 아웃풋은 자연스럽게 나오게 된다.** 이는 타고난 머리가 크게 좌우하는 수학과는 다르다. 영재교육원에 수학이나 과학 프로그램은 있지만 언어 프로그램이 없는 것도 이와 같은 이유다. 타고난 지능이 뛰어나지 않아도, 영어는 언어이기 때문에 충분히 교육만으로도 잘할 수 있다.

라희가 영어를 힘들어하지 않고 잘하게 된 데에는 내가 영어 유치원을 보내지 않은 결정도 크게 작용했다. 이 책에서 나는 영유를 보내지 않은 이유와 함께 타고난 언어 감각이 부족한 아이도 어떻게 하면 영어를 잘할 수 있는지 그 방법들에 대해 이야기하고자 한다.

내가 제안하는 방법은 기본에 충실하면서도 효과적이고 효율적인 방법이다. 그리고 이 방법은 당장 눈앞의 성과에 초점을 맞춘 학원이 아닌, 아이의 미래를 진심으로 걱정하고 빛나게 하고 싶은 엄마만이 해줄 수 있는 방법이다.

그럼 왜 나는 영어 유치원을 선택하지 않았을까?

이제부터 그 이유를 설명해 보려 한다.

차례

1장

영어 유치원,
그 달콤한 유혹을 이기는 법

1

“영어 유치원 꼭 보내야 하나요?”

모국어가 탄탄해야 외국어도 따라온다

내가 라희를 영어 유치원에 보내지 않은 가장 큰 이유 중 하나는 한글로 된 책을 더 많이 읽힐 수 있는 '시간'을 확보하기 위해서였다.

나는 영어 유치원에 다니며 영어 공부를 할 시간에 한글로 된 책을 읽히는 게 더 낫다는 판단으로 영유를 선택하지 않았고 지금도 다음에 설명할 여러 이유들로 여전히 그렇게 생각한다. 명심하자. 한글책 읽기를 많이 해야 영어 실력이 는다.

일찍부터 시작해도 영어가 늘지 않는 이유

영어 공부를 시키기 전에 무엇보다 명심해야 할 점은 **외국어는 절대 모국어 수준을 넘을 수 없다**는 사실이다. 이는 여러 연구 결과로도 충분히 증명된 바 있다.

물론, 태어나면서부터 엄마와 시터가 영어만 썼거나 혹은 영어만 사용하는 환경에서 자란다면 뇌에서 영어를 모국어로 인식할 수 있다. 하지만 이런 특별한 경우가 아니라면, 모국어 수준이 높아져야 외국어인 영어 수준도 자연스럽게 따라 올라간다. 캐나다 언어학자 짐 커민스는 모국어 능력이 탄탄해야 외국어 학습에서의 이해력과 표현력이 자연스럽게 따라올 수 있다고 주장했다. 즉, 모국어에서 발달된 인지 능력과 언어 능력이 다른 언어 학습에 긍정적으로 작용한다는 얘기다. 이 사실을 이해하지 못하고 한국어도 제대로 구사하지 못하는 상태에서 영어 유치원에 다니며 영어 공부에만 집중하면 오히려 영어 실력이 잘 늘지 않는다.

한마디로 영어 실력 향상을 위해서는 한국어가 먼저 뒷받침되어야 한다는 얘기다.

한국어 문해력이 좌우하는 수능 영어

영어 학습에 있어서 한국어 문해력의 중요성을 잘 보여주는 인상 깊은 사례가 있다. 〈티처스〉라는 입시 코칭 TV 프로그램에서 영어 일타강사 조정식 선생님이 영유를 다닌 아이의 성적표를 보고 한 말이다.

"국어 성적을 보니 모의고사 영어는 2등급이겠어요."

영어 선생님이 아이의 국어 성적만 보고 영어 성적을 맞춘 것이다. 국어 성적이 낮으면, 즉 한국어 문해력이 낮으면 외국어인 영어도 그 이상으로 잘할 수 없다는 것을 보여주는 사례였다.

조정식 선생님뿐 아니라 다른 과목 일타강사도 이 아이가 성적이 오를지 안 오를지의 여부를 국어 점수로 판단한다고 이야기했다. 만약 국어가 1등급이라면 다른 과목도 1등급이 가능한 아이이기 때문이다.

딸 라희의 경험도 이를 잘 보여준다.

라희의 영어 실력이 미국 초등 고학년 수준이라는 걸 확인한 나는 초등학교 2학년 여름에 조금 서둘러 아이에게 고1 모의고사 문제를 풀어보게 했다. 대치동에서는 초등학생 때 반드시 거치는 단골 코스가 하나 있다. 바로 수능 영어 문제를 푸는 것이다. 가끔 수능 영어 듣기만 완벽하게 풀었다고 안도하는 부모들도 있지만, 사실 수능 영어 듣기는 비교적 쉬운 편이다. 아이의 진짜 실력을 가늠하려면 긴 지문을 읽고 낯선 내용을 이해하는 독해 능력을 시험해 봐야 한다. 라희에게 문제를 풀어보게 한 것도 단순히 듣기 실력 확인이 아니라, 다양한 주제의 긴 지문을 읽고 내용을 파악하는 능력을 점검하고 싶어서였다.

라희는 간신히 2등급이 나왔다. 고1 영어 모의고사는 말이 영어지 한국어 문해력과 배경 지식으로 푸는 문제들이었다.

중학교의 내신 영어는 교과서만 잘 외우면 영어 실력이 뛰어나지 않아도 어느 정도 좋은 점수를 받을 수 있다. 하지만 수능 영어와 고등학교 영어는 결국 문해력을 바탕으로 문제를 해결하게 된다. 그리고 긴 지문을 읽고 내용을 파악하여 그 안에 숨겨진 의미를 추론하는 능력은 독서를 통해서만 기를 수 있다.

라희에게 영어 모의고사 시험을 보게 하고 그 결과를 지켜보며, 나는 영어 실력을 키우기 위해서는 오히려 한글책 읽기가 더 중요하다는 사실을 다시 한번 확신할 수 있었다.

영어만 잘하는 게 아니라 영어'도' 잘하는 게 중요하다

한글로 된 책을 충분히 읽히지 않고 사교육과 영어 유치원에만 너무 의존하면 초등학교 저학년 때부터 그 차이가 확연히 드러나게 된다.

영어가 모국어가 아닌 아이들을 대상으로 진행한 미국 국립과학원의 연구에 따르면, 모국어 문해력이 부족할 경우 영어뿐만 아니라 다른 과목에서도 성취도가 떨어지는 경향이 있다고 한다. 특히 수학, 과학 등 복잡한 개념을 이해하고 추론 해야 하는 과목에서 어려움을 겪을 가능성이 높았다. 이는 모국어 문해력이 단순히 언어에 국한되지 않고 전반적인 학업 성취도에도 지대한 영향을 미친다는 점을 보여준다.

그래서 문해력이 부족하면 학원을 아무리 많이 다녀도 수학과 영어 실력이 더디게 늘고, 불안한 부모는 학원을 더 늘리고, 그렇게 책 읽을 시간은 더 없어지는 악순환이 계속 반복되는 것이다.

라희가 여섯 살 때, 유명 사고력 수학 학원에 가서 레벨 테스트를 치른 적이 있었다. 상담 교사가 말하기를, 테스트 결과가 좋지 않은 아이들의 경우 독서량이 충분한지를 먼저 물어본다고 한다. 독서가 사고력과 문제 해결 능력 발달에 필수적이기 때문에 독서가 부족한 아이들은 수학 문제 자체를 제대로 이해하지 못한다는 얘기였다.

한글책 읽기는 결코 그냥 독서가 아니다. 영어와 다른 과목들도 함께 성장시켜 주는 탄탄한 기초 공사다. 그러므로 한글책 읽기에 중심을 두고 아이 스케줄을 짜도록 하자. 엄마들 사이에 도는 농담으로 "국어는 나중에 집을 팔아도 안 된다"는 말이 있는데, 그만큼 국어는 기초가 매우 중요하다. 유아기와 아동기에는 반드시 한글책 읽는 시간을 확보한 후에 영어와 수학 공부를 시키는 것이 옳다.

한글로 된 책을 목이 아프도록 읽어주고, 또 읽어주자. 한국어 독서가 기반이 되어야 영어 독해 실력도, 아이도 함께 자라날 수 있다.

'네 개의 항아리'를 채우는 데 정말로 필요한 것

수능 전까지 아이가 공부해야 하는 과목을 '항아리'에 비유해 설명해 보자. 아이가 열심히 바퀴를 굴려서 물을 가득 채워야 하는 항아리는 총 네 개, 즉 영어, 수학, 국어, 사회+과학이다.

이 중 영어 항아리가 가장 작다. 그리고 아이 바로 옆에 있어서 물을 채우기가 가장 쉽다. 그래서 어렸을 때 아이가 작은 발로 바퀴를 굴려도 쑥쑥 잘 채워진다. 아이는 엄마를 사랑하고, 엄마가 바퀴를 돌리라고 하니 열심히 채워서 엄마를 기쁘게 한다.

그런데 이 영어 항아리는 조금 특이한 점이 있다. 국어 항아리와 마찬가지로 언어 쪽에 속하는 영어 항아리는 바퀴를 열심히 굴리지 않고 책을 읽거나 영어 영상을 보며 놀아도 물이 자동으로 채워진다는 것이다. 게다가 영어 항아리는 국어 항아리가 채워져야 함께 채워지는 구조를 가지고 있다.

하지만 그 사실을 모르는 엄마는 책을 읽히기보다 일단 아이를 바퀴 굴리는 곳에 데려가서 아이를 달래며 무조건 바퀴를 돌리라고 시킨다.

아이가 눈앞에서 열심히 바퀴를 굴리니 엄마는 그제야 안심이 좀 되는 기분이다. 아이는 무척 힘이 들었지만 엄마가 시키니까 그냥 계속 바퀴를 굴린다.

그런데 문제는 항아리가 아직 세 개나 더 있다는 것이다. 수학 항아리는 영어 항아리보다 열 배나 크다. 게다가 이 항아리에는 특징이 있으니, 수학 머리를 가진 아이들은 바퀴를 조금만 돌려도 물이 빨리 채워지지만 그렇지 않은 아이들은 바퀴를 쉬지 않고 굴려야 한다.

쉬지 않고 바퀴를 굴려 수학 항아리에 물을 어느 정도 채우고 보니 이제야 국어 항아리가 보인다. 그런데 국어는 수학 항아리보다 더 크다! 뒤늦게 바퀴를 굴려보지만 크기가 워낙 커서 물이 잘 채워지지도 않는다. 언어 쪽에 속하는 항아리들은 책을 읽어야 끝까지 채워지는 특이점이 있기 때문이다. 아이는 이제 바퀴를 돌릴 힘이 얼마 남아 있지 않은 상태에서 사회+과학까지 돌리기 위해 애쓴다. 그나마 일찍부터 채워놨다고 안심했던 영어 항아리도 다시 보니 독서량이 부족해서 끝까지 채워지지 않은 상태였다.

엄마표 영어를 하든 영어 유치원에 보내든 아이에게 영어 공부를 시키기 전에 이 항아리 비유를 꼭 기억하길 바란다. 어릴 때 책을 읽으며 힘을 비축한 아이들은 이미 영어, 국어, 사회+과학 항아리를 어느 정도

채운 상태에서 바퀴 굴리기를 시작한다. 당연히 항아리 끝까지 물을 채울 가능성도 크다. 이것이 바로 독서를 1순위에 둬야 하는 이유다.

아이가 스트레스를 받는 바퀴 굴리기를 멈추고 독서라는 더 쉬운 방법을 선택해 보자. 항아리에 저절로 물이 차는 기적을 보게 될 것이다.

2

매월 200만 원 vs 0원, 영어 실력은 같았다

엉터리 영어가 아닌 '제대로 된 영어' 노출이 관건

많은 부모가 아이를 영어 유치원에 보내면 몇 시간 동안 영어를 들으며 자연스럽게 실력이 늘 것이라 기대한다. 하지만 단순히 영어를 많이 듣는 게 능사는 아니다. 중요한 것은 '영어의 양'이 아니라 '영어의 질'이기 때문이다.

영어 유치원에서 사용하는 대부분의 영어는 생활 영어에 한정되어 있다. 하지만 아이들이 유치원에서 쓰는 한국말로는 국어 문해력을 기를 수 없듯이 영어 유치원에서 기본적인 의사소통을 배우는 것만으로는 제대로 된 영어 실력을 기를 수 없다. 영어 실력을 탄탄히 쌓기 위해서는 제대로 된 풍부한 표현과 정확한 발음을 들어야 한다. 그렇다면 아이들에게 어떻게 '질적으로 우수한' 영어 노출을 제공해 줄 수 있을까?

영어 노출에서 중요한 점은 '양'이 아닌 '질'

영어 노출은 집에서 한두 시간 정도의 영어 영상을 보는 것으로도 충분히 보완할 수 있다. 그리고 오히려 이 방법이 '질적으로' 더 우수하다. 넷플릭스와 같은 플랫폼에서 제공하는 영어 영상물은 정확한 발음과 다양한 표현을 포함하고 있어서 아이가 자연스럽게 더 폭넓은 어휘와 문장을 접하는 데 도움을 준다.

또한 여러 대화 상황들의 예시를 통해 그에 따른 다양한 표현과 숙어들도 쉽게 읽힐 수 있다. 예를 들어 배가 조난당해서 무인도에 표류한 상황부터 체조선수가 되기 위해 대회에 나가는 상황, 무도회에 가서 춤을 추는 상황 등 온갖 상황에서 다양한 사람들의 대화를 들을 수 가 있다.

이렇게 실생활에서 진짜 쓰이는 '제대로 된 영어'를 많이 듣게 해야 한다. 하지만 영어 유치원에 다니면 그렇게 하기가 쉽지 않다.

아이들끼리의 영어 옹알이,
'브로큰 잉글리시' 피하기

영어 유치원 출신들은 동물놀이를 특히 좋아한다는 우스갯소리가 있다. 영어 유치원에서는 자유놀이 시간에 아이들끼리 영어만 쓰면서 놀아야 하는데, 영어로 말하며 놀기가 부담스러운 아이들이 동물 울음소리만 영어로 내며 논다는 것이다. 실제로 나는 키즈카페에서 그런 아이들을 많이 보았다.

물론 나중에 아이들의 영어 실력이 늘면 영어로 말을 하며 논다. 하지만 나는 그렇게 아이들끼리 영어를 쓰며 노는 시간을 무엇보다 피하고 싶었다. 아이들이 쓰는 '브로큰 잉글리시', 즉 엉터리 영어가 아이의 영어 실력 향상에 오히려 악영향을 미치기 때문이다.

라희는 어릴 때부터 영상으로 '제대로 된 영어'를 듣고 익힌 덕분에 무리 없이 다양한 영어 표현을 받아들이고 영어로 대화하는 데에 거부감이 없었다. 한번은 라희가 유치원에 다니던 시절, 외출 준비를 하기 위해 옷을 갈아입은 나를 보면서 이렇게 말했다.

"엄마. 그 바지 입으니까 허벅지가 좀 두꺼워 보여. No offence."

'No offence'는 '악의는 없다', '기분 나쁘게 듣지 않았으면 좋겠다'는 뜻인데 아이가 본 영상에서 아마 이런 표현이 나왔던 모양이다. 알맞은 상황에서 정확한 표현을 쓴 것이다. 나는 라희에게 이렇게 대답했다.

"Non taken~ Thank you for your honesty."

그러자 또 라희는 이렇게 대답했다.

"Honesty is my middle name! I am Rahee Honesty Kang!"

중간 이름을 뜻하는 미들 네임은 우리나라에는 없고 미국에만 있는 독특한 이름 문화로, 부모가 특별한 의미를 담아 자녀에게 부여하거나 가족 전통에 따라 정하는 경우가 많다. 라희가 한 말 "Honesty is my middle name!"은 미국식 유머 표현이다. 미국에서는 이런 식으로 "___ is my middle name!"이라는 표현을 자주 사용한다. 미국에 살지 않아도 넷플릭스를 통해 미국 문화를 자연스럽게 받아들이고 농담을 하게 된 것이다.

물론 매일 이렇게 영어로 대화했던 건 아니고 라희가 영어로 영상을 많이 본 날이면 자기도 모르게 영어로 말하는 경우가 대부분이었다. 이처럼 영어 영상을 통해 적절한 상황에서 쓰이는 '제대로 된 영어'를 정확한 발음으로 들으면 자연스럽게 영어를 쓸 수 있게 된다.

'아웃풋' 중심 영어 유치원의 치명적 함정

아웃풋 강요가 만드는 영어 스트레스

듣기와 읽기는 인풋이고 말하기와 쓰기는 아웃풋에 해당한다. 엄마들이 흔히 하는 오해 중 하나가 아이가 어릴 때 이 4대 영역을 다 잡아줘야 한다고 생각하는 것이다.

그러나 아이가 어릴 때일수록 인풋, 즉 듣기와 읽기만 넣어줘야 한다. **인풋이 차고 넘치면 아웃풋은 자연스럽게 따라오기 때문이다.**

무엇보다 쓰기는 뇌 발달 단계상 유치원 시기 아이들이 배우기에는 비효율적이다. 모든 아동 전문가들이 뜯어말리는 것 또한 유아기에 영어 글쓰기 훈련을 시키는 것이다.

하지만 대부분의 영어 유치원에서는 쓰기를 포함한 네 가지 영역을 모두 교육시키곤 한다. 이유는 간단하다. 아이가 고루 잘하는 것을 '보여줘야' 하기 때문이다. 비싼 돈을 낸 부모들에게 아이가 이 정도 하고 있다는 아웃풋을 증명해야 하기 때문에 성과가 지금 당장 보이지 않는 인풋만 계속 넣어줄 수 없는 것이다.

무리한 쓰기는 안 하느니만 못하다

이쯤 되면 내가 조정식 선생님의 열혈 팬처럼 보일지도 모르겠지만 다시 한번 〈티처스〉에서 나온 그의 말을 빌려보겠다. 다음은 영어 학원 레벨 테스트를 보고 기대와 다른 결과에 낙담한 중학교 3학년 아이를 둔 부모에게 조정식 선생님이 한 말이다.

"학원에서 라이팅 시험 봤잖아요. 어머님께 여쭤볼게요. ○○한테 라이팅이 왜 필요하죠? 일단 학교 내신 시험엔 라이팅이 안 나와요 수능엔 주관식 문제가 안 나와요. (중략) 의미 없는 시험입니다."

중학교 3학년 아이에게도 쓰기는 수능, 내신과 무관하니 하지 말라고 충고한다. 아직 뇌 발달상 영어 쓰기를 하기에도 무리인 어린아이들에게 쓰기를 시키는 것은 당연히 더 의미가 없다. 영어로 원어민처럼 말하려면 5,000시간 듣기를 해야 한다, 3,000시간이면 된다 등 여러 의견이 있다. 뭐가 됐든 핵심은 많이 '들어야' 영어로 말도 할 수 있다는 것이다. 그러니 말하기부터 시키려 들지 말고 듣기 시간을 먼저 채워주자.

자연스럽게 되는 것에 시간을 들이지 말자

엄마표 영어로 유명한 블로거 '새벽달'도 인풋의 중요성을 알고 실천한 사람이다.

"많은 학자들이 이론적으로도 밝혔듯이 양질의 편안한 인풋이 꾸준히 일어날 수 있는 유일한 공간은 가정입니다. 학원도 학교도 긴장된 공간입니다. 우선 아이가 정서적으로 편안해야 합니다. 편안하게 몰입해서 너무 재미있어서 빠져들어야 합니다. 영어 인풋은 가정에서 가장 효과적으로 쌓일 수 있습니다."

나는 라희 교육에 한 가지 원칙이 있었는데 '자연스럽

게 되는 것에 시간을 쓰지 말자. 그리고 눈에 보이는 아웃풋을 위해 시간을 쓰지 말자'였다. 그렇게 나는 일단 믿음을 갖고 눈에 보이지 않는 인풋만을 차곡차곡 넣어주었다.

인풋이 적은데 무리하게 아웃풋을 내려고 하면 더 많은 시간이 걸리고, 아이도 쉽게 지쳐버린다. 나는 라희에게 그 나이대 아이들이 하듯이 저녁에 학원 숙제로 영어 문제를 풀고 단어를 외우게 하지 않았다. 대신 영어 영상을 보고 책을 읽도록 시켰다.

모든 아이에게 주어진 시간은 같다는 것을 기억하자. 똑같은 시간이라도 양질의 인풋에 집중한 아이는 나중에 그 인풋의 양을 뛰어넘는 놀라운 수준의 아웃풋을 보여주게 된다.

영어는 '귀'로 시작된다

읽기만 하고 해석할 줄은 모르는 아이가 되지 않으려면

아이는 태어나서 읽기, 쓰기가 아닌 오직 듣기로 모국어를 배운다. 영어도 똑같이 그렇게 배워야 한다. 전직 영어 교사로 유명한 '효린파파'의 말에 따르면 듣기는 읽기, 쓰기, 말하기보다 압도적으로 중요하다고 한다.

아이들이 학교에 들어가기 전이나 초등학생 시기에는 듣기 양이 충분하지 않아도 영어 읽기를 시작하면 의외로 잘 따라오는 모습을 보인다. 그래서 부모들은 듣기보다는 문제 풀이와 쓰기, 읽기를 더 집중적으로 시킨다. 그러다가 고비가 오면 문제를 더 풀게 하고, 단어를 더 외워서 그 고비를 어찌어찌 넘긴다.

하지만 진짜 문제는 고등학교에 들어가면서부터다. 그때는 더 이상 문제를 더 풀거나 단어를 달달 외우는 것 정도로는 문제가 해결되지 않기 때문이다. 그러면 아이는 결국 버티지 못하고 바로 무너져버리게 된다. 하지만 고등학교에 올라가서 듣기 양을 채우기에는 이미 시간이 없다. 그 결과 아무리 단어를 외우고 독해를 해도 실력은 제자리에 머무르고 만다.

듣기는 단순히 귀를 트이게 하려고 시키는 게 아니다. 자연스러운 문법과 문장 구조를 익히는 데 듣기만큼 뛰어

난 밑거름이 없기에 이토록 강조하는 것이다. 고등학교 내신이나 수능 문제는 '읽을 줄만 알지 제대로 해석할 줄은 모르는' 아이를 걸러내는 시험이다. 듣기부터 차근차근 영어 실력을 쌓아 올리지 않으면 결코 만점을 바랄 수 없다.

듣기의 부족함을 채우는 길은 '듣기 그 자체'뿐이다. 그러니 나중에 가서 후회하기 전에, 지금 당장 듣기 학습을 위한 '환경'을 만들어주는 것이 중요하다.

반복된 영어 영상 노출의 힘

사실 영상으로 시작하는 영어 공부법은 이미 너무나도 유명하다. BTS의 리더 RM 역시 미국 유명 시트콤 〈프렌즈〉를 보며 공부했다고 하여 한국 학부모들이 관심을 기울이기도 했다. RM의 인터뷰에 따르면 그는 〈프렌즈〉를 한글 자막, 영어 자막, 무자막 순으로 반복해서 보면서 영어를 익혔다고 한다.

반복해서 책을 읽는 것이 '천재의 독서법'으로 불리듯 영상도 마찬가지로 하나를 반복해서 보는 것이 영어 실력 향상에 큰 도움이 된다.

하지만 아직 어린아이들에게 같은 것을 계속 반복해서 보는 것은 고역이다. 물론 특별히 재미있는 영상이라면 아이가 자진해서 여러 번 보기를 원하는 경우도 있지만 말이다. 나는 라희가 반복해서 보기를 원하지 않는 영상들은 대신 차를 타고 가면서 계속 '들을 수' 있게 해줬다. 그렇게 유아기에는 늘 차에서 영어를 틀어주었다.

"영어는 노출이 전부이기 때문에 돈을 쏟아부으면 효과를 볼 수 있다"는 말이 있다. 앞서 설명했듯이 노출 시간이 길수록(물론 제대로 된 영어일 경우에만) 실력도 함께 늘어나기 때문이다. 아이의 지능과 상관없이 돈을 들여 노출을 시켜주면 아웃풋은 나온다.

하지만 오직 노출을 위해 학원에 보내게 되면 돈이 많이 들 뿐만 아니라 시간도 많이 든다. 많은 돈을 들여 영어 유치원에 보내지 말고 그 시간에 집에서 양질의 영어 영상에 노출시켜 주어라. 그렇게만 해도 충분한 학습 효과를 볼 수 있다. 그리고 가정에서 자연스럽게 배우는 것이야말로 아이가 가장 힘들이지 않고 영어를 배울 수 있는 효율적인 방법이다.

물론, 영어 유치원에 다니면서 영어를 잘하는 아이들도 많다. 그러나 영어 유치원에서 보내는 시간만으로는 절대 영어 실력이 충분히 늘지 않는다. 영어 실력을 효과적으로 향상시키기 위해서는 집에서도 어휘와 읽기 관련 숙제를 해야 한다. 그 외 영어책과 한글책을 꾸준히 읽히며, 영어 영상도 보여주어야 한다. 그래야만 영어 유치원에 들인 시간과 비용이 기대한 만큼의 성과로 이어질 수 있다. 특히, 학습식 영유가 아닌 놀이식 영유라면 더더욱 엄마의 관리가 필요하다.

공부 그릇을 넓히는 책 읽기

대치동 빅3 어학원 원장이 밝히는 영어 실력의 숨겨진 비밀

나는 아이에게 평균적으로 하루에 두 시간 정도는 책을 읽어줬다. 매일 내 목이 아프고 난 뒤에야 잠들었다. 목이 얼마나 아픈가로 오늘 하루 내가 열심히 육아했구나를 알 수 있었다.

목을 아끼려고 낮에 책을 읽어주는 키즈북카페에 자주 데려가기도 하고 국립어린이청소년도서관에 책을 읽어주는 자원봉사자가 있어서 데려가기도 했다. 여행을 갈 때도 책을 꼭 챙겼다. 초등학교 때 처음 간 수학 학원에는 선생님께 말씀드려서 숙제를 내지 말아달라고 부탁했다. 학원에 다녀와 숙제까지 하고 나면 책을 읽을 시간이 없었기 때문이다.

영어를 늘리는 가장 좋은 방법은 독서

독서는 영어를 위해 그리고 대입을 위해 가장 중요한 인풋 중 하나다. 책 읽기는 '공부할 그릇'을 넓히는 과정인데, 이 공부 그릇은 정말 공부머리를 타고난 아이를 제외하면 오직 책 읽기를 통해서만 늘릴 수 있다. 글밥이 아주 많은 책이 아닌 이상 하루 한두 권의 책으로는 부족하다. 최소 하루에 두 시간은 읽어주거나 아이가 읽어야 한다. 문해력을 기르는 데는 이처럼 정말 많은 시간이 필요하다. 절대 하루아침에 길러지지 않으며 일타강사의 강의로도 절대 기를 수 없다. 오직 유치원 때부터 하루도 쉬지 않고 꾸준히 해온 독서만이 문해력을 만들 수 있다.

그리고 이렇게 한글로 된 책으로 문해력을 기르며 영어책 독서를 병행해야 한다. 대치동 빅3 어학원 중 하나인 ILE어학원 원장이 말하기를 영어 실력을 늘리는 가장 좋은 방법은 '독서'라고 한다. 아이에게 영어책을 읽어주는 것만큼 중요한 일은 없다고 말이다. 학년이 높아질수록 책이 차지하는 비율을 늘려야 한다고도 했다. 독해 능력이 떨어지면 학습 능력도 같이 떨어지기 때문이다. 하지만 정작 학년이 높아질수록 독서는 등한시되고 문제 풀기에만 집중하게 되는 것이 현실이다.

서울대학교 영어교육과 이병민 교수 역시 리딩의 중요성을 다음과 같이 이야기했다.

"수능은 내신과 달리 처음 본 문제를 내가 보고 이해해야 하는 거잖아요. 그런 부분에서 아이들이 훈련을 해야 하는데 이 능력이 그냥 적당히 책을 몇 권 봐서는 만들어지지가 않아요. 많이 읽어야 됩니다. 하루에 공부와 관련 없이 자기가 읽고 싶어서 한 30분 정도 읽는 거예요. 그렇게 365일, 한 3~4년 읽는다고 해보세요. 그러면 1년에 한 50만 단어 정도 읽게 됩니다. (중략) 그런 읽기 경험을 하면 수능 같은 시험은 결국은 독해이기 때문에 충분히 커버가 가능해요."

저학년 시기의 독서 습관이 평생 독서 습관을 만든다

엄마들이 보기에 '리딩 문제'를 풀면 왠지 아이가 공부를 하는 것 같은 생각이 든다. 그 시간에 흥미 위주 책을 읽게 놔두면 문제를 푸는 것보다 실력이 더디 늘 것만 같다. 그러나 대입을 좌우하는 문해력은 오직 독서로만 늘 수 있다. 문제집을 풀어서는 절대 늘릴 수 없는 것이다. 이런 이야기를 하면 문제집에 나오는 지문들도 어차피 똑같은 글을 읽는 것이니 상관없지 않느냐고 말하기도 하는데, 그렇지 않다. 교육 전문가들에 따르면 국어 문제집에 나오는 토막 지문을 읽는 것은 오히려 문해력에 좋지 않은 영향을 미친다고 한다. 문해력은 앞뒤 맥락을 파악하고 이해하는 과정에서 길러지기 때문이다.

특히, 저학년 때부터 책 읽는 습관을 들이는 것이 중요하다. 이 시기에 책과 친해져야 고학년으로 올라가면서 학업량이 늘어나고 시간이 부족해져도 자연스럽게 독서량을 유지할 수 있다.

책 읽기는 단순히 지식을 쌓는 것뿐만 아니라, 집중력과 사고력을 키우는 데에도 큰 도움이 된다. 어릴 때부터 책과 친해진 아이들은 시간이 지날수록 독서를 생활의 일부로 받아들여 바쁜 일정 속에서도 자연스럽게 책을 찾아 읽는다. 독서가 습관으로 자리 잡은 것이다. 또 아이에게 책을 많이 읽히면 아이가 즐거워하고, 많이 밀어붙이지 않아도 학원 뺑뺑이를 다니며 공부한 아이들보다 영어와 수학 아웃풋이 잘 나온다.

그런데 이런 과정들을 모르고 오직 아웃풋만 보는 사

람들은 아이가 영어를 잘하면 '언어 재능이 있어서 그런 것 같다'고 그냥 쉽게 결론지어버리곤 한다. 그럴 때마다 나는 늘 속으로 생각했다. 다른 아이들이 아웃풋을 내기 위해 애쓸 시간에 난 인풋만 넣었기 때문이라고, 아직 영어를 충분히 듣지도 않은 아이들에게 영어로 말하라고 시키지 않았기 때문이라고, 아직 뇌 발달상 쓰기를 할 나이가 아닌 아이들을 붙잡고 쓰기를 가르치지 않았기 때문이라고 말이다.

독서를 통해 공부 그릇을 넓히고 인풋을 꾸준히 넣어주는 영어 학습은 오직 가정에서만 할 수 있다. 더뎌 보이고 지금 당장 눈에 보이지 않지만 그게 가장 빠른 지름길이자 확실한 길임을 기억해야 한다.

자기 효능감을 키워주는 영어 공부 노하우

아이에게 '할 수 있다'고 생각하게 만들어라

유튜브 채널 '교집합 스튜디오'를 운영하고 있는 권태형 소장의 말에 따르면 영유 출신의 일부 아이들에게서 보이는 특이한 공통점이 있다고 한다. 바로 영어를 곧잘 하면서도 자기 효능감이 꽤 낮다는 점이다.

여기에는 두 가지 원인이 있는데, 하나는 워낙 잘하는 아이들 사이에 있다 보니 주눅이 들어서이고 다른 하나는 일찍부터 영어 시험을 보며 계속해서 비교를 당하다 보니 흥미가 매우 낮아져서라고 한다. 이렇게 자기 효능감이 떨어진 상태에서는 학습 의지와 효율이 제대로 발휘되기 어렵다.

영어보다 중요한 아이의 자존감 키워주기

영어 유치원에서는 기본적으로 항상 단어 시험을 본다. 학습식 영어 유치원은 학기가 끝날 때 가장 잘한 아이들을 뽑아 상장도 준다.

그러나 사실 그 나이대 아이들에게 영어 단어 점수는

중요하지 않다. 그보다는 '나는 열심히 하면 잘할 수 있는 아이야'라는 자존감을 쌓는 것이 훨씬 더 중요하다. 저학년 때 공부를 잘한 아이가 계속 잘하게 되는 이유도 바로 그 자존감 형성을 잘했기 때문이다. 영어 유치원에서 시험을 보면서 매번 1등을 한다면 좋겠지만 그렇지 않다면 아이는 자존감에 상처를 입게 된다. 타고난 경쟁심이 강한 아이는 그럴 때 공부를 놓아버리고 공부가 아닌 다른 곳에서 잘하거나 이길 수 있는 것을 찾기도 한다.

라희의 첫 영어 시험은 초등학교 1학년 때 영어 도서관에서 본 SR 시험(리딩 지수를 파악하는 시험)이었다. 시험 점수보다 영어를 잘한다는 자신감이 중요하다는 것을 알았기에 나는 어떤 결과가 나오든 라희에게 '넌 역시 영어를 잘한다'고 말해줄 생각이었다. 라희의 점수는 내 예상을 훨씬 뛰어넘는 4.9였고, 나는 그날 기분 좋게 선물을 사주었다. 이후 6개월 동안 영어 시험을 보지 않았지만 라희는 자주 영어 시험이 보고 싶다고 말했다. 자기가 잘할 수 있다는 자신감이 붙은 것이다. 6개월 후 본 영어 시험도 성적이 좋았기에 나는 선물을 사주었다. 수학 학원도 라희가 아직 준비가 되지 않아 좋은 점수를 받지 못할 것 같으면 바로 시험을 보러 가지 않았다. 아이가 합격할 수 있겠구나 확신이 들 때 시험을 보고, 합격하면 케이크를 사서 축하해 주었다. 그런 경험이 계속 쌓이다 보니 라희는 시험에 대해 긍정적인 정서를 가지게 되었다.

얼마 전 길을 가다가 채드윅 국제학교 셔틀을 보았다. 라희가 저 커다란 셔틀버스는 뭐냐고 묻기에 시험을 봐서 들어가는, 우리나라에서 제일 들어가기 힘든 국제학교의 통학버스라고 설명해주었다. 라희는 그 말에 갑자기 국제학교가 가고 싶다고 했다. 시험을 봐서 들어갈 수 있다는 데 주눅이 들기보다 자기가 할 수 있다는 생각과 도전 의식이 먼저 든 것이다.

라희가 학습식 영어 유치원을 다니면서 매주 시험을 보고 자신이 뒤처진다는 사실을 매주 느꼈더라면 과연 이렇게 말할 수 있었을까? 결코 시험을 즐기는 아이가 되지 못했을 것이다. '나는 할 수 있는 아이'라는 자신감 넘치는 아이가 되지 못했을 것이다.

영어책의 리딩 레벨을 알고 싶다면

AR 지수란 Accelerated Reader의 약자로, 1986년 미국 르네상스 사에서 개발하여 만든 영어 리딩 레벨 지수다. 르네상스 사이트인 arbookfind.com에 들어가서 책 제목을 검색하면 BL이라는 단어 옆에 나오는 숫자가 AR 지수다. AR 지수는 아이의 리딩 레벨에 맞는 책을 추천할 수 있게끔 만들어진 것이다. 예를 들어 'BL: 3.2'라고 나오는 책은 AR 3.2 즉, 미국 초등학교 3학년 2개월 수준의 리딩 레벨을 뜻한다. SR은 '아이'의 리딩 수준을, AR은 '책'의 리딩 수준을 나타낸다고 생각하면 이해가 쉽다. SR=AR로 이해해도 무방하다. 아이의 AR 점수보다 1~2점 정도 낮은 책이 아이에게 딱 맞는 수준이다.

아이의 리딩 레벨을 알고 싶다면 영어 도서관이나 일부 도서관에서 SR 테스트를 받아보면 된다. link.inpock.co.kr/renaissance_myon에서 신청하면 집에서도 시험을 볼 수 있다.

7

번아웃을 피한 진짜 영어력의 비밀

15년 마라톤, 초반 스퍼트를 경계하라

솔직히 말해보자. 대한민국 학부모들이 초중고 교육의 목표로 삼는 것은 결국 수능이다. 조기 영어교육도 이 최종 목표를 향하고 있으며, 많은 부모가 아이가 학습에서 뒤처질까 걱정해 영어 유치원에 보내는 이유 중 하나도 바로 여기에 있다.

하지만 목표가 수능이라면, 한 번 더 생각해 볼 필요가 있다. 대입까지는 15년이라는 긴 마라톤 기간이 남아 있다. 미취학 시기 3년과 초·중·고 12년을 합친 이 기간 동안 가장 중요한 것이 과연 초반의 빠른 스퍼트일까?

15년을 계속 전력 질주할 수는 없다

많은 부모가 학창 시절 내내 아이가 번아웃을 겪을까 걱정한다. 실제로 "요즘 학원 다 관뒀어요"라고 말하는 부모들이 있다. 그러면 사람들은 아이가 번아웃이 왔구나 짐작한다. 예전에는 주로 고등학생 때나 번아웃을 겪었지만 요즘은 초등학생들도 이런 현상을 겪는 경우가 많아지고 있다. 엄마들은 아이가 번아웃이 와서 공부를 놓아버릴까 봐 걱정하면서도 '그래도 나는 틈틈이 놀렸으니 괜찮을 거야'라고 생각한다. 엄마 말을 잘 듣는 순종적인 순한 기질의 아이들이 학습식 영유를 다니는 경우가 많은데, 아이의 스트레스가 겉으로 잘 드러나지 않아서 안심하며 계속 보내다가 번아웃이 오는 경우가 많다.

그렇다면 왜 이렇게 어린 나이에 번아웃이 오고 공부를 놓아버리게 되는 걸까? 정답은 하나다. '자유롭게 뛰어논' 시간이 부족하기 때문이다.

유아기와 미취학 시기에 자유롭게 노는 시간은 아이의 체력, 집중력, 끈기 그리고 사회성까지 길러준다. 체력은 공부의 기초다. **아무리 머리가 좋아도 체력이 뒷받침되지 않으면 장기간의 학습을 지속하기 어렵다.** 대학 입시까지 15년이라는 긴 마라톤을 뛰려면, 체력은 가장 중요한 자산이다. 초반에 지나치게 빠르게 달리면 중·고등학교에 이르러 체력적으로 지치고, 집중력도 떨어져 공부에 대한 흥미를 잃게 된다.

특히 영어 듣기 같은 공부는 '절대적인 노출 시간'이 중요하다고 앞서 언급했는데, 체력도 마찬가지다. 아이들이 튼튼하게 성장하려면 '절대적인 놀이 시간'이 필수적이다. 아이가 어릴 때 충분히 뛰어놀지 않으면, 중·고등학생이 되었을 때 오랫동안 집중하며 공부할 수 있는 체력적 기틀이 제대로 다져지지 않는다. 예체능 활동도 좋지만 아이가 자유롭게 뛰어놀며 스트레스를 해소하고, 신체적으로 튼튼하게 자라나는 시간이 무엇보다 중요하다.

15년을 전력 질주할 수는 없다. 엄마의 역할은 초등학교 저학년 때까지 아이를 지치게 하지 않으면서도 공부 그릇을 크게 키우도록 도와주는 것이다. 특히 공부를 시작하기도 전인 유치원 시기에 아이를 지치게 만들지 말아야 한다.

부모는 늘 남의 자식이 아닌 내 아이를 기준으로 삼아야 한다. 다른 아이들이 다 거뜬히 소화한다고 해도 내 아이가 힘들어하면 소용없다. 내 아이가 지금 건강하게 그리고 즐겁게 앞으로 나아가고 있는지를 잘 살펴보자.

8

‘잘 참는’ 아이가 아닌 ‘스스로 하는’ 아이

학원 뺑뺑이와 성적 향상은 비례하지 않는다

나는 라희가 운이 좋았다고 생각한다. 어렸을 때 요즘 대치동 아이들처럼 공부했던 나를 엄마로 두어서 말이다.

나는 교육열이 높은 부모님 덕분에 어릴 때부터 정말 많은 학원을 다녔다. 그 당시 애들이 배우는 건 다 배웠던 것 같다. 논술, 성악, 과학실험, 수학, 연산 학습지 세 개, 영어, 수영, 피아노, 플루트 등등. 그래서 나는 안다. 학원이 얼마나 비효율적인지를 말이다. 그 수업 시간 동안 **가장 실력이 느는 사람은 가르치는 선생님이지, 결코 앉아서 설명을 들은 아이가 아니다.**

이처럼 공부는 스스로 할 때 는다. 선생님의 설명을 들을 때가 아니라, 내가 누군가에게 설명할 때 느는 것이다. 그리고 책을 많이 읽어야 공부를 잘할 수 있다.

학원에 앉아 있는 시간 ≠ 공부한 시간

한 연구 결과에 따르면 최상위권 아이들은 학원을 다니든 집에서 혼자 공부를 하든 성적이 좋았다. 반면, 최상위권이 아닌 아이들의 경우에는 혼자 공부할 때 성적이 더 향상되었다. 왜 이런 결과가 나온 걸까?

하루 종일 학원 뺑뺑이를 돌고 온 아이들은 쉽게 지친다. 학원에서 힘든 시간을 견뎠으니 '자신이 공부를 하고 왔다'고 착각한다(사실은 그냥 앉아만 있다 온 건데 말이다). 집에 와서 좀 쉬고 싶은데 또 숙제를 해야 하니 몸과 마음이 지친다. 그런 아이들은 학원을 줄이고 혼자 공부할 시간, 진짜 공부를 할 시간을 늘려야 한다. 학원은 아이들의 실력을 빨리 늘리는 방법이 아니면서도 아이를 쉽게 지치게 한다.

아이의 스트레스 신호를 빨리 파악하자

초등학교 저학년까지의 아이들은 비교적 부모의 말을 잘 듣는다. 그 시기의 아이들에게는 부모가 이 세상에서 자신이 의지할 유일한 존재이기 때문이다. 그 점을 이용해 미취학 시기에 아이가 지칠 정도로 공부를 심하게 시키는 부모들도 많다.

지인의 아들이 들어가기 힘들기로 유명한 모 학습식 영유에 다닌 적이 있었다. 한번은 그분이 아이가 영어 유치원에서 본 단어 시험지를 자랑스레 인스타에 올린 것을 보게 되었다. 영어 단어를 영영사전의 뜻으로 외워서 쓰는 시험이었다. 문장도 외워서 써야 했다. 이 공부를 하는데 얼마나 많은 시간이 걸릴지 눈에 뻔히 보였다. 그 아이는 '잘 참는' 아이였다. 놀이터에서 놀고 있는 라희를 보면 신나게 뛰어와서 놀았지만 단 한 번도 5분 이상 놀지 못하고 들어갔다. 숙제를 해야 했기 때문이다. 그런데도 그 아이는 한 번도 엄마에게 더 놀고 싶다고 조르지 않았다. 하루에 단 5분도 놀지 못하는데 그걸 참은 것이다. 그러나 조르지 않는다고 놀고 싶지 않은 게 아니다. 그 아이가 집으로 들어가며 뒤돌아볼 때 그 미련 섞인 표정이 아직도 잊히지 않는다.

나의 또 다른 지인의 아이가 유명한 체인의 영어 유치원에 들어갔다. 욕심이 있는 아이였던지라 매번 단어 시험에서 1등을 했다. 하지만 언제부턴가 아이가 눈을 깜빡

이기 시작했다. 틱 증상이 나타난 것이다. 놀란 엄마가 선생님에게 전화를 했더니 선생님은 대수롭지 않다는 듯 이렇게 말했다.

"어머님, 저희 반 남자애들 대부분이 틱에 걸려 있어요."

놀랍지 않다는 선생님의 반응에 결국 그분은 아이를 영어 유치원에 그만 보내기로 했다. 학습식 영어 유치원에 다니는 남자 아이들에게서 틱이 많이 온다고 하는데, 틱은 절대 쉽게 생각할 문제가 아니다. 스트레스의 원인이 제거되지 않으면 낫지 않는 질환이기 때문이다. 틱이 온다는 건 아이가 그만큼 큰 스트레스를 받고 있는 상황이라는 뜻이다.

영어는 누구나 적절한 영상을 보여주고 한글책 읽기만 꾸준히 시켜줘도 잘할 수 있다. 절대 영어 공부로 아이에게 큰 스트레스를 줘선 안 된다. 그러면 오히려 영어에 대한 거부감만 더 커질 뿐이다.

무엇보다 중요한 건 아이와의 애착

엄마표 공부를 실천에 옮기다 보면 그것이 영어건, 수학이건 간에 아이가 잘 따라오면 엄마는 자신도 모르게 더 높은 목표를 잡고, 밀어붙이며 가르치게 되는 경우가 많다. 하지만 **엄마표 공부에서 아이의 실력 향상만큼이나 중요한 것이 엄마와의 애착 그리고 아이의 공부 그릇을 키워주는 것이다.** 엄마와의 애착을 포기하면서까지 아이를 윽박질러 공부를 시키면 단기간에는 실력이 늘지 몰라도 조금만 커도 공부시키는 게 점점 더 힘들어지고 일상생활에서도 반발심이 커져 모든 것이 흔들리게 된다.

아이가 너무 힘들어하는 날은 하루 치 공부를 못했더라도 그냥 과감히 쉬게 하자. 나도 그게 참 힘들긴 했다. 하지만 그런 날은 붙들고 있어봤자 엄마랑 사이만 나빠지고 공부도 안 된다.

학원 좀 다녀봤던 엄마만이 말할 수 있는 것

나는 학구열이 강한 서초동에서 자랐고 내 주변 아이들이 그랬듯이 학원에 많이 다녔다. 그러다 보니 고등학생이 된 후 많이 지쳐 있었고, 그냥 행복해지고 싶었다. 그래서 정작 공부해야 하는 고등학교 시기에 공부 양은 줄고 친구들과 노는 시간이 많아졌다. 그러나 공부를 완전히 놓을 정도의 용기는 없었다. 오히려 겉으로 보이는 학교 내신성적은 올랐는데, 내신은 2주 정도의 벼락치기만 하면 올릴 수 있었기 때문이다. 결과적으로 수능을 볼 때까지 공부를 충분히 하지 못했고 서울 중위권 대학에 가까스로 합격했다. 어렸을 때부터 놀지도 못하고 학원을 많이 다닌 것을 생각하면 아쉬운 결과였다. 그렇다고 공부를 쉬지 않고 열심히 했던 것도 아니다. 놀 시간도, 혼자 공부할 시간도 많지 않은 그저 '학원만 왔다 갔다 하는' 시간이 많았을 뿐이다.

나는 대학에 가고 나서야 같은 과 동기들이 아무도 나만큼 학원에 다니지 않았다는 사실을 알게 되었다. 그리고 책을 많이 읽은 아이들이 오히려 나보다 좋은 대학에 가는 걸 보고 생각했다. '나는 책 읽는 걸 좋아하는 아이였는데… 학원 갈 시간에 차라리 책을 읽었다면 내가 조금 더 좋은 대학에 갈 수 있지 않았을까?'

물론 책을 읽지 않고 학원만 다니더라도 공부머리가 있는 아이들은 좋은 대학에 갈 수 있다. 하지만 책을 읽고 학원을 다니면 훨씬 덜 지치면서도 더 좋은 대학에 갈 수 있다.

나의 경험상, 완전히 공부를 놓을 정도의 번아웃이 아니어도 일찍 공부에 지칠 수 있다. 그러니 늘 명심하자. 우리 아이들이 시간과 공부에 쓸 에너지는 한정되어 있다는 것을 말이다.

2장

그래서 시작했습니다,

SR 6.7까지의 영어 학습 로드맵

1

한국어로 된 영상은 끊어라

라희가 영어를 처음 접한 때는 34개월쯤이 되어서였다. 어찌 보면 시작이 늦은 편이었는데, 그전에는 그 흔한 알파벳 송도 들려주지 않았다. 심지어 라희 아빠의 회사에서 미국으로 1년간 유학을 보내주고 주거도 제공해준다고 했는데 거절했다. 아이가 어릴 때 한국어 실력을 늘려야 그만큼 영어가 는다는 것을 알았기 때문이다. 한국어도 잘 못하는 아이에게 영어를 들려줄 필요는 없다고 생각했다.

라희는 심지어 34개월 전에는 영상도 한국어 영상만 봤다. 사실 이 부분은 조금 후회하는 부분이다. 영어 영상을 보여줄 것이 아니면 한국어 교육은 양육자 및 선생님과의 직접 소통, 그리고 한글책으로 했어야 했다. 그때 라희가 밥을 너무 안 먹어서 한국어 영상을 보여주며 밥을 먹였다. 그때 보던 영상에 나온 '캐리언니'와는 거의 애착 형성이 되어 있을 정도였다. **아이들은 절대로 더 재미있는 것이 있는데 덜 재미있는 것을 찾지 않는다.** 잘 알아듣는 한국어 영상이 있는데 영어 영상을 보라고 하면 반발만 늘 뿐이다.

영어를 시작하자마자 한국어 영상은 끊어야 했기에 나는 아이에게 어쩔 수 없이 거짓말을 했다. 캐리언니가 일본으로 가서 이제 볼 수 없다고 말이다(그 말이 먹혔던 순수함이 그립다). 그리고 우리 집 TV는 이제 영어만 나온다고 했다. 다행히 내 걱정만큼의 큰 반발은 없었다. 영어 영상을 워낙 재미있는 것을 보여줬기 때문인 것 같다.

이렇게 영어 공부를 시작하기로 했다면 거짓말을 해서라도, 거짓말이 먹히지 않을 나이라면 단호하게 말해서라도 한국어 영상은 아예 끊어야 한다.

공부가 아닌 '흥미'를 느끼는 게 우선이다

내가 영어 학습을 영상으로 시작한 이유는 아이가 영어에 대한 거부감을 가지지 않도록 하기 위해서였다. 또한 외국어 학습은 듣기와 말하기를 먼저 익히고, 이후에 읽기와 쓰기 능력을 발전시키는 것이 가장 효율적이라는 전문가들의 의견에 동의하고 있었기 때문이다.

라희는 '영어책' 하면 바로 달콤한 초콜릿을 떠올릴 것 같다. 나는 평소에는 간식을 주지 않았지만 영어책을 읽을 때는 과자나 초콜릿을 주었다(물론 타르색소가 포함된 간식은 제외하고 주었다. 타르색소가 들어간 간식은 암을 유발한다고 한다).

그리고 라희는 초등학교에 들어가기 전까지 항상 소파의 같은 자리에서 영어책을 읽었는데, 그곳은 할 일을 미뤄도 잔소리를 듣지 않는 일종의 성역 같은 곳이었다. 그리고 그 자리에는 늘 달콤한 간식과 영어 만화책들이 놓여 있었다.

채드윅 국제학교에 아이 둘을 보낸 '캐리상' 님도 이와 비슷한 방법을 썼다고 한다. 그분은 아이가 독서 공간에 들어가면 학교 숙제를 안 하고 심지어 학원에 가지 않아도 전혀 터치하지 않았다고 한다.

앞서 영어 영상을 보여줄 때도 재미있는 것을 골라 보여주었다고 했는데, 책도 마찬가지다. 초등학교 저학년까지의 한국어책, 영어책의 선정 기준은 무조건 '재미'가 우선이다. 다시 한번 강조하지만 아이들은 늘 재미있는 것을 찾아다니는 존재다. 재미를 느끼면 엄마가 읽지 말라고 해도 읽는다.

아이가 책을 좋아하게 만드는 데 가장 중요한 것은 좋은 학원, 좋은 브랜드의 옷보다도 아이가 흥미를 느낄 책에 돈을 아끼지 않는 엄마의 마인드다. 방법이 어찌 되었든 독서를 가장 중요시하는 부모의 마음가짐이 아이의 자기주도적인 독서 습관을 만든다.

2

스피킹에 필요한 3,000시간의 법칙

혹시 미드에 빠져서 며칠 내내 미드만 본 적이 있는가? 그렇게 밤을 새며 미드만 보다가 어느 날 친구와 대화하려는데 나도 모르게 영어 표현이 먼저 생각났던 경험이 한 번쯤은 있을 것이다.

라희도 어른들처럼 넷플릭스를 많이 본 날이면 자기도 모르게 영어로 말하는 경우가 많았다(물론 영어 영상을 보지 않은 날은 한국어로만 말했다). 넷플릭스를 많이 본 어느 날, 원어민과 영어로 대화하는 체험 수업을 들으러 도서관에 간 적이 있다. 당시 라희는 일곱 살이었지만 원어민과의 대화는 처음이었다. 그때 원어민이 말해주길, 읽고 듣는 것보다도 말하는 것이 가장 뛰어나다고 말해주었다. 내가 영어 유치원을 다니지 않는다고 하니 그 사람이 매우 놀라던 기억이 난다.

하지만 내겐 그리 놀랄 일이 아니었다. 34개월부터 하루 한두 시간씩 영어 영상을 보고, 영어책도 함께 읽었으니 대략 3,000시간 동안 영어 노출을 시켜준 후였기 때문이다.

이처럼 영어를 잘 알아듣고, 읽는 수준이 높다면 영어에 노출되는 것만으로도 자연스럽게 영어가 입으로 나온다. 지금 당장 유학을 보내거나 국제학교에 갈 아이들이 아니라면 굳이 수준도 높지 않은 영어 말하기를 시킬 필요가 없다. 지금 중요한 것은 언어 감각을 키워놓는 것이다. 나중에 유학을 가거나 영어만 쓰는 환경에 노출되면 스피킹은 자연스럽게 해결된다.

입을 트이게 하는 3,000시간의 마법

많은 전문가들이 2,000시간을 들어야 귀가 트이고,

3,000시간을 들어야 말이 트인다고 말한다. 외국어 학습 전문가인 스테판 크레션 박사도 한 언어를 잘 배우기 위해서는 최소 3,000시간 동안 해당 언어를 '들어야' 한다고 설명했다. 하루에 네 시간씩 2년 동안 꾸준히 들으면 3,000시간을 채울 수 있다. 이 정도 듣기를 해야 언어를 자연스럽게 익힐 준비가 된다는 얘기다. 즉, 말이 트이려면 많이, 정말 많이 들어야 한다.

그렇다면 뭘 들려줘야 할까? 앞서도 말했지만 **엉터리 영어는 많이 들려줘봤자 아무 소용이 없다. 제대로 된 영어를 들려줘야 한다.** 영어 유치원에서는 아이들이 문법적으로 틀린 표현을 쓰면서도 그게 틀렸다는 걸 모른다. 선생님이 바로 잡아주면 다행이지만 그렇지 않으면 틀린 대로 그냥 쓴다. 그렇게 자기가 모르는 말을 영어로 억지로 쥐어짜내면서 문법상 맞지 않는 영어를 계속 말하게 되는 것이다. 하지만 공인된 프로그램을 통해 듣기와 읽기를 많이 접한 아이들은 문장의 구조를 이미 자연스럽게 알고 있기 때문에 문법상 정확한 영어를 말한다. 원어민이 문장 구조를 일일이 고민하지 않고 자연스럽게 말하는 것처럼 말이다.

좋은 영어 영상을 많이 보여주다 보면 어느 날 아이들이 자기도 모르게 영어로 말하는 모습을 보게 될 것이다. 그리고 아이가 말하는 영어가 너무 정확한 표현이고 원어민이 쓰는 표현이라 놀랄 것이다. 그렇게 말하는 걸 들으면 부모가 스피킹에 대한 부담감을 덜 수 있다.

그래서,
어떤 영상 보여주면 좋아요?

리틀팍스(littlefox.co.kr)라는 유료 사이트가 있다. 라희는 이 사이트의 도움을 정말 많이 받았다. 이 사이트에 있는 영상의 장점은 우선, 레벨에 따라 구분되어 있다는 점이다. 엄마가 힘들게 아이 레벨에 맞는 영상을 찾을 필요가 없다. 그리고 대화체와 문어체 문장이 번갈아 가며 나온다. 대화만으로 이루어진 넷플릭스 영상보다 영어 리딩 레벨을 늘리는 데 많은 도움이 된다. 아이에게 영상을 찾아주기 번거로운 엄마라면 이 사이트 하나만 반복해 보여주기를 권한다. 책으로 넘어가기도 쉽다.

AR 3~4 전까지는 이 사이트가 매우 효과적인데, AR 레벨이 높아지면 이 사이트로는 한계가 있다. 영상의 수가 한정적이기 때문이다. 레벨이 올라가면 그때 다양한 영상이 있는 OTT로 넘어가길 권한다.

처음 영어를 시작하는 아이들을 위한 유튜브 영상

아래 추천한 영상들은 정말 효과적으로 영어를 늘릴 수 있는 영상들이다. 다만, 유튜브 영상은 부모가 찾아서 틀어줘야 한다. 아이에게 핸드폰이나 태블릿을 맡겨버리면 다른 한국어 콘텐츠에 노출될 수 있으므로 주의해야 한다.

- **StoryTime at Awnie's House:** 책 읽어주는 인기 유튜버다. 책 그림만 보여주며 읽어주기 때문에 아이들이 책 보듯 볼 수 있다. 다양하고 재밌는 책들이 많다. 처음 영상을 보는 아이들이라면 살짝 지루한 책도 재밌게 볼 수 있다. 자극적이지 않은 영상을 보여주고 싶은 엄마들에게 추천한다. 다른 책 읽어주는 영상으로 'vooks'도 추천한다.
- **Super Simple Songs:** 처음 영어를 접하는 아이들이 보기 좋다. 일단 아이들이 좋아한다. 워낙 유명해서 학교 수업 시간에도 틀어주는데 많은 아이들이 어렸을 때 봤던 거라며 반가워했다고 한다.
- **Super Simple Play with Catie:** super simple songs를 좋아하는 아이라면 보여주자! 애니메이션이 아니라서 입 모양을 직접 볼 수 있어서 좋다.
- **Mother Goose Club:** 영유에서도 많이 보여주는 유튜브 채널. 노래로 영어를 배우기에 좋다.

- **Alphablocks(알파블록스):** 이것만 보여도 파닉스가 잡힌다. BBC에서 만든 수준 높은 영상이다.
- **Numberblocks(넘버블록스):** 처음 수학을 이 영상으로 접한 아이들은 수감각이 남다르다. 수학을 하나도 안 가르쳤는데, 아이가 곱하기를 하는 기적을 볼 수 있다.
- **Pororo the Little Penguin:** 라희 영어 실력을 늘리는 데 일등 공신이었던 채널이다. 노래 말고 시즌별로 모아져 있는 에피소드를 보여주자.
- **Blippi(블리피):** 이미 영어 거부가 온 아이에게 보여주면 좋다. 정신 없는 영상이 조금 아쉽지만 아이들은 확실히 흥미를 느낀다.
- **Fairy Tales and Stories for Kids:** 명작 동화들을 들려준다.
- **Cosmic Kids Yoga:** 정적인 요가가 아닌 주제에 맞게 재밌게 몸을 움직여보는 아이들을 위한 요가다. 창의력 발달에도 좋다.

유튜브 외에도 kidoodle.tv라는 무료 앱을 사용해보면 좋다. 넘버블록스와 알파블록스 등 다양한 콘텐츠들이 순서대로 되어 있어서 아이에게 보여주기 편하다.

넷플릭스에서 볼 수 있는 추천 영어 영상

넷플릭스를 보기 전에 앞서 추천한 'Super Simple Songs' 정도는 보고 시작해야 한다. 그래야 어느 정도 알아들을 수 있다. 그리고 모든 영상은 영어 자막(혹은 영어 음성)으로 바꿔서 틀어줘야 한다는 걸 잊지 말자. 모든 영상은 대화 속도, 어휘 수준, 주제의 복잡성 등을 기준으로 쉬운 것부터 어려운 순서로 정리했고 넷플릭스 코리아에 올라와 있는 한글 표기로 실었다.

○ 1단계: 영어를 처음 시작하는 아이라면

〈페파 피그〉, 〈넘버블록스〉, 〈블리피〉, 〈트루〉, 〈로보카 폴리〉, 〈바다 탐험대 옥토넛〉, 〈브레드 이발소〉

○ 2단계: 1단계를 이해할 수 있다면

〈슈퍼 몬스터〉, 〈마이 리틀 포니〉, 〈앨빈과 슈퍼밴드〉, 〈스머프〉, 〈스폰지밥〉, 〈바비의 프린세스 어드벤처〉, 〈바비: 빅 시티, 빅 드림스〉, 〈레인보우 하이〉, 〈에버 에프터 하이〉, 〈NEW LEGO 프렌즈〉, 〈장화신은 고양이의 신나는 모험〉, 〈스피릿〉, 〈이모티: 더 무비〉, 〈드래곤 길들이기〉, 〈도전! 용암 위를 건너라〉, 〈내 친구 어둠〉, 〈유니콘 아카데미〉, 〈마틸다〉, 〈아이비랑 빈이 만났을 때〉, 〈윙스 월드〉, 〈마법 관리국과 비밀 요원들〉

○ 3단계: 뽀로로가 유치해진 나이라면

〈리치 리치〉, 〈댓 걸 레이 레이〉, 〈패밀리 리유니언〉(관람 연령이 12세지만 아이가 깔깔 웃으며 본다), 〈베스트 탐정단〉, 〈프로젝트 Mc^2〉, 〈예스 데이!〉, 〈말리부 주니어 구조대〉, 〈프린스는 교환학생〉, 〈오늘부터 히어로〉, 〈스파이 키드: 아마겟돈〉, 〈비트를 느껴봐〉, 〈에린 & 에런〉, 〈체조 아카데미: 두 번째 기회〉(이걸 보고 라희가 아크로바틱을 시작해서 지금 너무 즐겁게 다니고 있다), 〈블랙 프린스〉(승마를 시키고 싶은 엄마들이라면 아이에게 꼭 보여주기를 추천하는 작품이다)

○ 상호작용이 가능한 인터랙티브 영상

중간중간 아이가 리모컨으로 주인공의 다음 행동을 선택하고 그 선택에 따라 결말이 달라지는 영상들을 활용해도 좋다. 무엇보다 아이가 매우 흥미를 느낀다. 같은 영상이지만 인터랙티브가 아닌 경우도 있으니 인터랙티브라고 써 있는지 확인하고 틀어주도록 하자.

〈당신과 자연의 대결(인터랙티브)〉(관람연령이 12세이지만 선정적이지 않고, 실제로 모험을 선택할 수 있어서 아이가 좋아한다), 〈스피릿 자유의 질주〉

○ 교육적인 넷플릭스 영상

〈신기한 스쿨버스 2〉, 〈브레인차일드: 이런 것도 과학이야?〉, 〈스

토리봇에게 물어보세요〉

디즈니플러스에서 볼 수 있는 추천 영어 영상

〈주토피아〉, 〈엔칸토〉, 〈위시〉, 〈알라딘(영화)〉, 〈신데렐라 2, 3〉, 〈메리 포핀스〉, 〈메리 포핀스 리턴즈〉, 〈나 홀로 집에〉, 〈프린세스 다이어리 1, 2〉, 〈아이스 프린세스〉, 〈좀비스1~3〉, 〈할로윈 타운〉, 〈사운드 오브 뮤직〉, 〈하이 스쿨 뮤지컬 1, 2〉, 〈틴 비치 무비 1, 2〉, 〈캠프 락 1〉, 〈샤페이의 멋진 모험〉, 〈뮬란(영화)〉

쿠팡플레이에서 볼 수 있는 추천 영어 영상

〈뽀롱뽀롱 뽀로로〉, 〈페파 피그〉, 〈바다 탐험대 옥토넛〉, 〈스폰지밥〉, 〈슈렉〉, 〈찰리와 초콜릿 공장〉, 〈머미즈〉, 〈해리포터 시리즈〉

3

한글 떼고 시작하는 아이 맞춤 파닉스 공부법

영어를 처음 시작하는 아이에게 파닉스는 중요한 첫걸음이다. 하지만 아이마다 적합한 방법이 다를 수 있다. 어떤 아이는 자음과 모음을 따로 배워야 효과적이고, 또 어떤 아이는 단어 전체를 하나의 그림처럼 이해해 배우는 게 더 쉽다.

1단계: 알파블록스 + 통글자 따라 쓰기

라희는 한글을 읽을 수 있게 된 후 여섯 살에 파닉스를

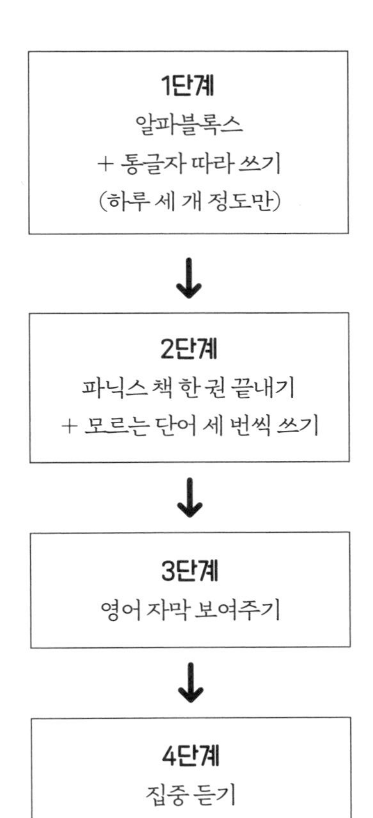

시작했다. 한글을 떼는 방법은 두 가지가 있는데 하나는 몬테소리 한글에서 하듯이 자음, 모음별로 가르치는 것과

통글자로 가르치는 것이 있다. 두 방법 중에서 어느 것을 아이가 빨리 받아들이는지 유심히 봐야 한다. 아이가 어렸을 때부터 상점의 간판(아이스크림 가게 이름이나 백화점 이름 같은)을 그림으로 인식해서 알아본다면 그 아이는 통글자로 읽기를 배우는 것이 가장 효과적일 것이다. 둘 다 시도해 보고 아이에게 맞는 방법으로 한글을 뗀다. '소중한글' 유료 앱은 통글자 읽기가 맞지 않는 아이들이 한글을 떼기에 좋다. 통글자로 배운 아이들도 '소중한글' 앱로 잡아주면 좋다.

이렇게 한글을 떼고 난 뒤 아이에게 맞는 방법 그대로 파닉스를 떼면 된다. 라희는 한글을 통글자로 익혔고 특히 화살표를 따라 쓰는 것을 좋아했다. 한글 연습 책에도 화살표 따라 쓰기는 많은데 엄마가 종이에 직접 해준 걸 좋아했다. 아기 때였으니 즐겨 했다고 해봤자 하루에 두세 개 정도였지만 쌓이다 보니 한글을 뗄 수 있었다. 파닉스 역시 같은 방법으로 즐기며 힘들지 않게 배웠다.

통글자로 영어 읽기를 하면 단점이 하나 있다. 글자를 하나의 그림처럼 인식해 읽기 때문에 생소한 글자가 나오

파닉스 워크시트는 구글에서 주로 프린트를 해서 썼다. 예를 들어 알파벳 B를 배운다면 'B is for coloring'이라고 이미지 검색을 하여 나오는 그림들을 프린트해서 주면 된다.

또 라희가 모르는 단어가 나오면 구글에서 '모르는 단어 + coloring'으로 이미지 검색을 한 뒤 프린트해서 따라 쓰게끔 했다.

면 읽지 못한다. 그래서 알파블록스를 같이 보여줘야 한다. 알파블록스는 BBC에서 만든 수준 높은 영상으로 알파벳별로 어떤 발음이 나는지를 보여주기 때문에 통글자의 단점을 보완할 수 있다. 계속 반복해서 알파벳이 어떤 소리가 나는지 외울 때까지 보여주도록 한다.

2단계: 파닉스 책 한 권 끝내기 + 모르는 단어 세 번씩 쓰기

그 후 파닉스에 구멍이 없도록 하기 위해 파닉스 책을 사되 한 권이나 두 권으로 된 것을 사길 권한다. 라희의 경우 『한 권으로 끝내는 파닉스』와 『파닉스 무작정 따라하기: 문단열과 함께 파닉스 한 권으로 총정리하기』, 『하루 한 장 파닉스』를 활용했다. 이미 파닉스가 어느 정도 잡힌 상태에서 한번 풀도록 하면 금방 이해한다.

한 권만 풀라고 해놓고 추천 책이 세 권인 것은 사실 라희가 세 권 다 제대로 풀지 않았기 때문이다. 이것도 사보고 저것도 사봤지만 진득하게 풀지 못했다. 만약 아이가 잘 따라 한다면 한 권으로도 충분하다.

3단계:
영어 자막 보여주기

하지만 가장 효과적이었던 방법은 영상의 영어 자막을 보게 하는 것이었다. 넷플릭스나 디즈니플러스, 리틀팍스에서는 영어 자막 선택이 가능하다. 나는 라희가 파닉스를 배우기 전에는 영상을 자막 없이 보여주었지만, 파닉스를 익히고 난 뒤로는 꼭 영어 자막을 틀어주었다.

영상에서 영어 자막을 보는 것이 엄청난 양의 리딩과 동일한 효과를 낼 수 있다는 여러 연구 결과들이 있다. 『하루 15분 책읽어주기의 힘』에서는 핀란드의 성공적인 영어 학습 비결로 영어 TV 프로그램을 통한 영어 자막 영상 시청의 효과를 강조한다. 이 책에서는 "세 시간 동안 화면에 나오는 단어의 양이 성인이 일간지나 주간지에서 읽는 것보다 많다. 영어 자막이 있는 영상은 TV 등장인물이 아이에게 영어책을 소리 내어 읽어주는 것과 같다"고 설명한다. 이렇게 **자막을 보면 읽기와 듣기를 동시에 학습할 수 있기 때문에 단순히 읽기만 할 때보다 더 효과적으로 언어를 배울 수 있다.**

무엇보다 이 방법은 엄마도 힘들지 않고 아이도 지치지 않는다. 오히려 아이가 본인이 좋아하는 영상을 더 잘 이해하기 위해 집중을 해서 보니 효과가 아주 좋다. '잠수네 영어'에서 가장 중점을 두는 집중 듣기(책 글자를 보며 CD를 듣는 방법)를 한 것과 같은 효과를 볼 수 있는 것이다.

4

집중 듣기를 시키면 영어에 구멍이 없다

아이의 영어 실력이 어느 정도가 됐을 때 '파닉스를 끝냈다'고 말할 수 있을까?

파닉스를 끝내는 시점은 보통 아이가 영어 단어를 혼자 소리 내어 읽을 수 있을 때다. 소리 내어 읽는다는 건 알파벳이 내는 소리를 알고, 이를 바탕으로 영어 단어를 발음하고 이해할 수 있는 수준에 도달했다는 뜻이다. 하지만 영어는 한국어와 달라서 파닉스를 끝내도 집중 듣기를 꼭 해야 한다.

영어를 잘 읽어도 집중 듣기가 필요한 이유

한국어는 모음과 자음이 언제나 같은 소리를 낸다. 하지만 영어에는 파닉스 규칙을 벗어나는 단어들이 많아서 파닉스를 끝냈어도 읽을 수 없는 단어들이 있다.

예를 들어 'NATURE'와 'MATURE'의 발음은 '네이처'와 '머추얼'이다. 앞에 자음 하나가 바뀌었을 뿐인데 발음이 확 달라진다. 그래서 눈으로만 읽지 말고 들으면서 읽어야 한다.

이때 가장 효과적으로 읽을 수 있는 방법이 바로 '집중 듣기'다. 집중 듣기란 CD로 책 내용을 들으면서 눈으로 따라 읽는 것을 말하는데, 엄마표 영어에서 가장 많이 쓰는 방법이기도 하다. 하지만 동시에 아이가 가장 거부하는 방법이다. 어린아이들이 하기에는 쉽지 않을 만큼 상당한 집중력을 요하는 일이기 때문이다. 엄마들도 직접 해보면 아이가 왜 그렇게 싫어하는지 이해하게 될 정도인데, 그럴수록 꼭 해야 한다.

집에서 하는 집중 듣기 3단계

집에서 집중 듣기를 한다면 세 가지 방법으로 시도해 볼 수 있다.

첫 번째 방법은 가장 보편적인 방식으로, CD가 있는 책을 사는 것이다. 온라인 영어책 서점인 동방북스에 들어가면 'AUDIO-BOOK&CD' 섹션에서 CD가 포함된 수백 권의 챕터북, 그림책들을 볼 수 있다. 그 책들의 CD를 틀고 눈으로 따라 듣거나 손으로 짚으며 듣도록 한다. 집중 듣기를 하기에 좋은 책들은 뒤에 따로 모아놓았으니 참고하길 바란다.

두 번째 방법은 아이가 좋아하는 책이 인기 있는 책일 경우(이를테면 『Fly Guy』나 『Peppa Pig』 등) 유튜브에서 그 책을 읽어주는 사람들의 영상을 찾아서 들려주는 것이다. 아이가 좋아하는 책일 경우 이미 외국에서 인기 있는 책일 가능성이 높기 때문에 책 읽어주는 영상들을 쉽게 찾을 수 있다. 검색은 '책 제목 + read along', '책 제목 + read aloud' 혹은 '책 제목 + audiobook'으로 하면 된다. 사람에 따라 읽는 속도나 발음이 각각 다르므로 엄마가 미리 들어보고 선택해서 들려주는 것이 좋겠다.

세 번째 방법은 영어책 읽어주는 과외 선생님을 구하는 것이다. 나는 과외를 구하는 네이버카페를 통해 다른 부수적인 활동 없이 오직 한 시간 동안 영어로 책 읽어주실 분을 찾았다. 사실 영어 액티비티 같은 수업은 선생님도 아이디어를 내야 하고, 영어로 프리토킹이 가능해야 하기 때문에 수업료가 만만치 않다. 하지만 영어책을 그냥 읽기만 하는 경우에는 발음이 괜찮고 영어를 곧잘 하는 정도면 되니 수업료가 비싸지 않다.

내가 만난 선생님은 대학생이었는데 선생님도 영어 공부를 할 겸 영어 동화책 읽는 시간을 즐기는 것 같았다. 감사하게도 라희와 책 한 권을 읽을 때마다 직접 프린트해 온 예쁜 그림들을 잘라주셨는데 라희가 그걸 참 좋아했다. 책은 내가 미리 동방북스, 웬디북에서 사서 준비해 두었다. 몇 달이 지나니 라희가 듣기보다는 자기가 스스로 읽고 싶다고 하고, 띄엄띄엄 혼자 읽을 수 있게 되어서 자연스럽게 그만두었다.

이처럼 아직 어릴 때는 혼자 CD를 듣거나, 영어 도서관에 보내는 것보다 직접 읽어주는 것이 더 효과적이다. 무엇보다 CD를 따로 틀 필요 없이 직접 읽어줄 수 있어 편리하며, CD가 없는 책이라도 집중 듣기를 할 수 있어 매우 좋다. 아이에게 책을 읽어줄 때는 손이나 연필 길이의 막대기로 글자를 짚어가며 듣게 해주면 된다.

영어 도서관
200퍼센트 활용하기

초등학교에 들어가 좀 더 수준 높은 AR 3~4점대 책을 집에서 집중 듣기를 시키자 라희가 졸고 짜증을 내고 난리가 났다. 그래서 바로 집중 듣기를 해주는 영어 도서관에 등록했다.

집중 듣기의 중요성은 이미 널리 알려졌기 때문에 영어 도서관은 전국 어디에서든 쉽게 찾을 수 있다. 집 주변에 영어 도서관 체인이 몇 개 있었지만 나는 그중 조금 멀더라도 책 읽는 시간에 중점을 둔 '블루북스'를 선택했다. 선생님과 책 내용에 대해 대화하고, 줄거리를 써보는 데 시간을 많이 할애하는 곳은 제외했다. 앞에서 설명했듯이 쓰기나 말하기 같은 아웃풋이 아닌 인풋을 넣어야 할 시기라고 생각했기 때문이다.

블루북스는 집중 듣기를 하는 시간이 한 시간으로 가장 길었다. 한 시간 집중 듣기라고 하면 너무 힘들 것처럼 느껴지지만 사실 책 고르는 시간, 화장실 가는 시간, 선생님과 안부 인사를 주고받는 시간을 빼고 나면 그렇게 길지 않았다. 읽고 나면 30분간 책 내용과 관련해서 퀴즈를 풀고 단어 시험을 봤는데 30분 동안 그걸 다 하기엔 무리가 있어서 적당히 넘어가고는 했다. 선생님이 점수에 대해 말하는 분위기도 아니어서 부담 없이 즐겁게 다녔다.

나는 아이가 초등학생이라 집중 듣기가 긴 블루북스를 이용했지만 영유아 아이들은 집중력이 짧으니 조금 무리일 수 있다. 영유아 자녀를 두었다면 '리드101'이나 한국어와 병행하여 문해력을 길러주는 커리큘럼이 있는 '핀란드 라이브러리'를 추천한다.

영어 실력을 늘리는 비밀 무기, 그래픽노블의 힘

그래픽노블, 즉 영어 만화책은 라희의 리딩 실력을 늘린 일등 공신이다. 웬디북이나 동방북스 사이트에 들어가면 그래픽노블 혹은 영어 만화라는 섹션이 있는데 그곳에 소개된 영어 만화는 거의 다 사서 몇 번씩 읽었다.

그래픽노블은 단순한 만화가 아니라 문학성이 있는 만화를 뜻하며, 대부분 AR 2~3점대다. 만화다 보니 라희는 스트레스 없이 영어책을 읽고 실력을 늘렸다. 어쩔 때는 한글로 된 책보다 더 좋아하고, 영어 만화책만 보려고 해서 행복한 고민을 하기도 했다.

영어 만화책은 빌리지 않고 꼭 구입하기를 추천한다. 아이가 꾸준히 반복해서 보기 때문이다. 영어를 늘리는 데 반복만 한 것은 없다. 라희는 책을 반복해서 보지 않는 스타일의 아이였지만 영어 만화는 재미있어서인지 수도 없이 반복해 보았다. 『My Little Pony』 같은 경우에는 거의 책이 찢어질 정도로 보았다.

다음은 라희가 특히 좋아했던 영어 만화책들이다.

○ **2점대(미국 초등학교 2학년 수준)**

『The Baby-Sitters Club』 시리즈, 『Baby-Sitters Little Sister』 시리즈, 『Smile』, 『Sisters』, 『Guts』, 『Magic Tree House』, 『El Deafo』, 『Cat Kid Comic Club』, 『Bug Scouts』, 『Dog man』, 『Allergic』, 『CatWad』, 『When Stars Are Scattered』, 『Beak & Ally』, 『Real Friends』, 『Best Friends』, 『Friends forever』, 『Nat Enough』, 『Forget Me Nat』, 『Absolutely Nat』, 『Nat For Nothing』, 『My Little Pony』, 『Be Prepared』, 『Squished』

○ **3점대(미국 초등학교 3학년 수준)**

『Katie the Catsitter』, 『Roller Girl』, 『Investigators』, 『Wings of Fire』, 『Bad Kitty』, 『Click Graphic Novel』 시리즈(『Crunch』, 『Break』, 『Click』, 『Camp』, 『Act』, 『Clash』), 『The Prince and the Dressmaker』, 『Sweet Valley Twins』

5

SR 5점부터는 하루 한 시간 독서로 꾸준히

라희가 영어 도서관에 다니기 시작했을 때는 1학년 여름방학이었고 이미 영어 만화책과 영어 자막으로 영상 보기를 하면서 SR 4.9가 나온 이후였다. 하지만 나는 여전히 집중 듣기가 필요하다고 생각해 아이를 도서관에 보냈다. 혼자 읽으면 집중 듣기로 읽을 때보다 다섯 배는 더 많이 읽었는데, 그 이유는 책을 자꾸 너무 빨리 그리고 '대충' 봤기 때문이다.

집중 듣기에서
묵독으로 나아가기

책을 대충 빨리 보는 습관은 놀랄 정도로 문해력에 효과가 없다고 한다. 영어 공부에서 빠지는 부분이 하나도 없게 하고 싶었던 나는 그렇게 대충 보는 일이 없도록 아이가 영어를 잘하는데도 영어 도서관에 계속 보냈다. 그렇게 1학년 때는 일주일에 다섯 번을 다녔고, 2학년 때부터는 일주일에 세 번만 다녔다. 그리고 3학년이 되어서는 영어 도서관을 관두었다. 집중 듣기의 다음 단계는 혼자서 하는 묵독이기 때문이다.

3학년부터 라희는 원하는 책을 구입하거나 도서관에서 빌려와 하루에 한 시간씩 독서했다. 바로 이때부터가 엄마표 영어의 꽃이라고 할 수 있는데, 엄마가 할 일이 거의 없기 때문이다. 그냥 아이가 좋아할 만한 책을 사거나 빌려주기만 하면 된다.

라희가 3학년이 되면서 요즘은 영어가 아닌 수학 공부에 집중시키고 있다. 하지만 영어를 아예 안 할 수는 없다. 언어는 쓰지 않으면 잊어버리기 때문에 수능 전까지 영어 공부는 매일 해야 한다. 알고 지내는 한 엄마는 아이가 초등학교 3학년 때 SR 5가 나온 뒤로 수학에 집중하느라 영어 공부를 안 시켰더니 실력이 줄었다고 아쉬워했다. 그러니 아무리 영어를 잘해도 하루 40분 정도는 투자해야 한다.

그렇게 영어 독서 시간을 하루 40분으로 줄였지만 가끔 『Diary of a Wimpy Kid』 같은 재미있는 책을 읽기 시작하면 라희는 시간 가는 줄 모르고 빠져들곤 한다. 지금은 여기에 더해 하루에 영어 에세이 한 단락을 따라 쓰는 연습을 꾸준히 시키고 있는 중이다.

실력이 올라오고 나면 영어는 천천히 해도 는다

보통 엄마표 영어를 하는 사람들은 하루에 영상을 한 시간씩 보여주지만 나는 1학년 여름방학 이후부터는 그 시간을 없앴다. 그렇게 하지 않아도 영어 실력은 충분했고 천천히 늘어도 상관이 없었기 때문이다. 그리고 SR 5점

이후부터는 영어책보다는 한글로 된 책을 더 읽혀야 영어 정체기 없이 계속 실력이 늘 수 있다.

SR 5점은 미국 초등학교 5학년 수준으로, 아이의 인지 발달이 그 정도에 도달해야 책 내용을 충분히 이해할 수 있다. 만약 아이의 인지 발달 정도가 5학년 수준에 미치지 못하는데도 이 수준의 영어책을 읽히면, 아이가 읽기는 해도 내용 자체를 이해하지 못해 오히려 학습 효과가 떨어질 수 있다.

대신 나는 주말만큼은 아침에 눈을 뜨자마자 넷플릭스나 디즈니플러스를 볼 수 있도록 허락해 주었다. 그래선지 라희는 평소 못 봤던 영상을 원 없이 보고 놀 수 있는 주말을 늘 손꼽아 기다렸다.

아직 라희의 친구들은 세 시간씩 하는 영어 학원을 일주일에 두세 번 이상 나가고 가지 않는 날에는 영어 숙제를 한다. 하지만 라희에게 이제 영어는 '바쁘면 가장 먼저 빼는' 과목이 되었다. 그래도 될 정도의 실력을 쌓았기 때문이다. 중학생, 고등학생이 되면 공부를 좀 하는 아이들 대부분은 영어를 잘한다. 하지만 유아기 영어는 고등학교 때 영어를 잘하는 것이 목적이 아니다. 영어를 '빨리' 일정 수준으로 올린 후에 수학 공부를 하고 운동할 시간을 확보하는 것이 목표다.

그러니 아이가 어릴 때 아낌없이 인풋을 넣어주자. 그런 영어 공부는 오직 엄마만이 해줄 수 있다. 그리고 그 아웃풋은 창대할 것이라 장담한다.

6

쉴 때도 책 읽는 아이, 이렇게 만든다

가끔 엄마가 그다지 애쓰지 않았는데도 노는 것보다 책을 더 좋아하는 아이들이 있다. 공부머리를 타고난 아이들이 보통 그런데, 이런 아이들은 엄마가 신경 쓰지 않아도 책을 손에서 놓지 않는다. 심지어 친구와 노는 것보다 독서를 더 좋아한다.

하지만 라희와 같은 대부분의 아이는 책 읽기보다 친구들과 노는 걸 훨씬 더 좋아한다. 이런 아이들에게는 엄마가 말을 조심해서 해야 한다. 다시 말해 책 읽기가 의무가 아닌 즐거운 일이 되기 위해서는 "책 좀 읽어라"라고 말해서는 절대 안 된다. 그 순간 책은 재미있는 것이 아닌 의무적으로 읽어야 하는 것이 되어버리기 때문이다.

그러므로 엄마는 아이가 책을 읽었으면 하는 마음을 최대한 숨겨야 한다.

초등학교 고학년만 되어도 아이가 책 읽을 시간은 부족해진다. 하지만 **책이 재밌어서 읽은 아이들은 고학년이 되어서도 쉴 때 책을 읽는다.** 반면 의무적으로 책을 읽은 아이들은 쉴 때 결코 책을 읽으며 쉬지 않는다.

아이가 스스로 책 읽기를 선택하게 만드는 법

책을 읽으라는 말 대신 아이가 싫어하는 일을 먼저 파악하도록 하자. 초등학교에 들어가기 전에는 보통 '자는 것'이 아이가 가장 하기 싫어하는 일이다.

미취학 시기에 빨리 자고 싶어하는 아이는 드물다. 나는 라희를 씻긴 후에 "책 읽자"라고 말하지 않고 "자러 가자"라고 말했다. 그러면 아이가 반발하며 "싫어! 책 읽을래!"라고 말했다(사실 지금도 거의 그렇다). 혹은 "잘래? 책 읽을래?"라고 물었다. 너무 놀아서 정말 졸린 날을 제외하고는 늘 '책 읽을래'였지만 그래도 나는 매번 물어보았다. 아이가 자신이 책 읽기를 '선택'했다고 느끼도록 하기 위해서였다.

책을 읽느니 잔다고 하는 아이가 있을 것 같다. 그럴 땐 자기 전에는 꼭 연산을 해야 한다고 말해보자. 그리고 씻고 책 읽을 시간이 되었을 때 연산을 하자고 말하자. 그러면 라희는 "책 읽고 할래!"라고 말하며 연산을 하기 싫어서 책을 더 열심히 봤다. 마치 우리가 시험 기간에는 평소 재미없어 보지 않던 뉴스가 갑자기 재미있어지는 것과 같은 이치다. 만약 책을 읽지 않고 연산을 하는 날은 그냥 시키면 된다. 하지만 대부분의 아이라면 책을 선택할 것이다.

이 방법도 통하지 않는 아이라면 하루에 공부할 것들을 할 일로 정해주고 거기에 '책 읽기 40분'도 포함시키면 된다. 단, 순서는 본인이 정하게 한다. 아이는 할 일 중 책 읽기가 그나마 가장 재밌으니 제일 먼저 하게 될 것이다. 그리고 책 읽기가 한참 재미있을 즈음 공부를 시작해야 하니 책 놓기를 아쉬워하게 된다. 이렇게 책에 '스며들게' 만들면 아이가 책 읽기를 점점 더 좋아하게 된다.

여러 방법을 이야기했지만 결국 중요한 것은 학원 숙제나 연산보다 책 읽기를 더 중요하게 여기는 엄마의 마음가짐이다. 그 마음가짐만 있다면 책 읽기를 좋아하는 아이를 만들 수 있다.

이 책만은 꼭 읽히자!

다음은 정말 재밌는 영어책들만 모은 리스트다. 영어 좀 한다는 아이들은 필수로 가지고 있는 책들이기도 하다. 시리즈물이나 동화책, 만화책 등 아이의 수준에 맞고, 아이가 흥미를 느낄 만한 책들을 골라 읽도록 해주자(괄호 안 숫자는 AR 지수).

책을 준비할 때는 아이가 지루하지 않게 새로운 책을 늘 준비해 줘야 한다. 새로운 책을 읽는 것은 뇌 발달에 많은 도움을 준다. 인지신경학자이자 아동발달학자인 매리언 울프는 『책 읽는 뇌』에서 독서가 뇌의 신경 네트워크를 변화시키는 강력한 활동이라며 독서는 '뇌를 위한 운동'이라고 비유하기도 했다. 새로운 책과 기존 책 비율을 4 대 6 정도로 하는 게 좋다.

시리즈물

『Bizzy Bear』 시리즈(~1.0)

『Elephant & Piggie』 시리즈(0.5~1.3)

『Fly Guy』 시리즈(1.5~2.7)

『Peppa Pig』 시리즈(1.7~2.4)

『Bad Guys』 시리즈(2.2~2.7)

『Bink and Gollie』 시리즈(2.2~2.7)

『Press Start』 시리즈(2.3~2.9)

『Winnie and Wilbur』 시리즈(2.3~3.0)

『Easy-to-Read Spooky Tales』 시리즈(2.5~3.0)

『Dragon』 시리즈(2.6~3.2)

『Princess Pink and the Land of Fake-Believe』 시리즈(2.8~3.1)

『Treehouse 13~143층』(3.2~4.3)

『Ricky Ricotta's Mighty Robot』 시리즈(2.9~4.1)

『Roald Dahl』 시리즈(3.1~4.8)

『Bad Kitty 챕터북』 시리즈(2.8~4.5)

『Isadora Moon』 시리즈(3.5~4.2)

『Kitty』 시리즈(4.0~4.3)

『Captain Underpants』 시리즈(4.3~5.3)

재미있는 동화책

『Mix It Up!』(1.0)

『Go Away, Big Green Monster!』(1.3)

『Joseph Had a Little Overcoat』(1.7)

『That's Disgusting』(1.6)

『It's Okay To Be Different』(1.7)

『There Was an Old Lady Who Swallowed a Fly』(2.0)

『Don't Push the Button!』(2.2)

『Interrupting Chicken』(2.2)

『Creepy Carrots!』(2.3)

『Pete's a Pizza』(2.4)

『Creepy Pair of Underwear!』(2.8)

『The Hundred Decker Bus』(2.0)

오디오북

웬디북 Book & Audio 섹션에서 구매하면 된다. 참고로 1점대 동화책들은 글이 적기 때문에 CD를 틀기엔 조금 번거롭다. 책만 사서 읽어주는 것을 추천한다.

『노부영(노래로 부르는 영어)』(AR1~2점대): 나는 중고로 전체를 구매했지만 웬디북 Book & Audio 섹션에서 낱개로도 판매한다. 노부영은 노래가 나와서 어린아이들이 특히 좋아하는 책이다.

『Oxford Reading Tree(ORT)』: 역시 CD가 포함된 것으로 사면 가격이 만만치 않다. 하지만 내용이 재밌어서 아이들이 좋아한다. 1~12단계까지 있다. 단계가 낮을수록 글밥도 적기 때문에 읽어주기가 부담스럽지 않다(나는 '개똥이네' 사이트에서 책만 중고로 구매하여 읽어주었다).

『Monkey Me』 시리즈(2.2~2.5)

『Diary of a Pug』 시리즈(2.7~2.9)

『The Princess in Black』 시리즈(3.0~3.5)

『Kung Pow Chicken』 시리즈(2.9~3.2)

『Horrid Henry Early Reader』 시리즈(3.1~3.6)

온라인 영어 도서관

영어 유치원에서 숙제로도 많이 내주는 『Raz Kids』 영어 원서들을 활용해 보면 좋다. 3,000권의 영어 원서가 레벨별로 세분화되어 있다. 재미있는 책이 아주 많지는 않지만 가격이 저렴하고, 책을 읽고 퀴즈를 풀면 별을 주는데 그 별을 모으기 위해 아이들이 열심히 한다. 읽어주는 부분이 하이라이트로 표시되는 것도 편리한 점이다.

7

스피킹이 힘든 엄마도 쉽게 영어로 말하는 법

나는 실생활에서 엄마나 아빠가 영어를 사용하는 것이 필수는 아니라고 생각한다. 아이의 영어 말하기에 약간이나마 도움이 되긴 하지만 말이다. 하지만 영어로 말해주기가 어디 생각만큼 쉬운가. 그렇다고 비싼 영어 체험수업을 매번 보내기도 어려운 것이 현실이다.

그래서 나 같은 엄마들을 위해 시중에는 그대로 따라 말해주기만 하면 되는 책들이 나와 있다. 나는 『세상에서 제일 쉬운 엄마표 영어놀이』와 『엄마표 첫 영어놀이 100』 두 책의 도움을 많이 받았다. 나는 거기에 소개된 영어 문장을 그대로 말해주었는데, 책에는 따라 하기 쉬운 영어 미술놀이들이 함께 수록되어 있으니 시간적 여유가 있다면 활용해 보기 바란다.

영어 미술놀이가 부담스럽다면 '상상나라'나 국립박물관에 가자. 상상나라는 라희가 매주 수요일마다 갔던 곳이다. 서울 어린이대공원 내에 위치한 체험 교육관으로 서울시에서 운영하는데, 과학, 예술, 자연 등을 주제로 한 전시와 여러 활동들을 제공한다. 키즈카페보다 발달에 훨씬 좋고, 연간회원권을 구매하면 가격도 무척 저렴하다. 전시가 분기별로 바뀌어 지루하지 않다는 장점도 있다.

무엇보다 상상나라에는 모든 체험용 전시마다 한국어뿐만 아니라 영어로도 설명이 써 있다. 그걸 체험하고 있는 아이의 귀에 속삭이듯 그대로 읽어주면 된다. 라희는 외계인에서 편지를 써서 넣으면 투명한 관을 통해 편지가 날아가고 외계인에게 답장이 오는 (것처럼 보이는) 섹션을 제일 좋아했다. 편지를 접는 방법도, 외계인에게 편지를 쓰자는 말도 다 영어로 써 있어서 그대로 반복해 읽어주기만 하면 됐다.

상상나라뿐만 아니라 대부분의 박물관에는 외국인 관람객을 위한 영어 설명이 써 있다. 너무 전문적인 내용은 어렵겠지만 아이가 이해할 수 있는 수준의 내용이라면 엄마가 충분히 읽어줄 수 있다.

비싼 영어 체험수업을 보내야 한다는 생각에서 살짝 방향을 틀어 사고를 전환해 보자. 엄마의 작은 노력만으로도 큰돈 들이지 않고 아이가 즐겁게 영어 실력을 키울 수 있다.

8

영어 공부를 위한 챗GPT 100퍼센트 활용법

AI시대다. 이미 많은 엄마들이 아이들의 초등 영어 학원 숙제에 챗GPT를 활용하고 있다. 시간의 문제일 뿐 이제 곧 대부분의 부모가 영어 학습에 챗GPT를 적극적으로 활용할 것으로 보인다.

챗GPT는 모바일과 노트북에서 모두 손쉽게 사용할 수 있다. 모바일에서는 챗GPT 앱을 다운로드하면 되고, 노트북에서는 chatgpt.com에 접속하면 무료로 바로 이용할 수 있다. 사용법 또한 매우 간단하다. 질문을 입력하기만 하면 돼서 정보를 검색하고 선택해야 하는 기존의 포털 검색보다 훨씬 직관적이고 편리하다.

챗GPT는 어떻게 활용하느냐에 따라 아주 유용한 학습

도구가 되기도 하고 그저 그런 시간 때우기용 도구가 되기도 한다. 그리고 어떤 질문 혹은 요청을 하느냐에 따라 대답의 수준도 크게 달라질 수 있다. 그럼 이제부터 챗GPT를 100퍼센트 활용해 영어 학습을 극대화할 수 있는 방법과 구체적인 예시를 살펴보도록 하자.

말하기:
원어민 선생님처럼 활용하기

챗GPT는 무료로 이용할 수 있는 원어민 회화 선생님이다. 사용하는 표현도 풍부해서 말하기 수업에 활용하기 손색이 없다.

챗GPT의 입력창 오른쪽에 보면 막대기 네 개 모양의 아이콘이 있다. 이 아이콘을 누르면 음성 모드를 사용할 수 있어서 영어로 말하거나 영어로 말해달라고 하면 챗GPT가 영어로 대답해준다.

그럼 어떤 질문을 던져야 챗GPT와 대화를 이어갈 수 있을까? 다음과 같은 주제를 생각해 볼 수 있다.

1. 대화 주제 던지기

"우리 무슨 대화를 하면 좋을지 하나만 추천해 줘."

2. 롤플레잉 연습

"가게 놀이를 영어로 해보자. 내가 가게 주인이야."

"병원에서 의사와 환자 대화를 해보자. 내가 의사야."

"초등학생 대상 영어 학원 인터뷰 준비를 도와줘."

3. 이야기 만들기

"한 문장씩 번갈아 가며 이야기를 만들어보자."

4. 영어로 표현 배우기

"내가 한국어로 말하면 영어로 바꿔줘."

"네가 말한 영어 문장을 내가 따라 할게."

"내가 했던 말을 자연스러운 표현으로 고쳐줘."

5. 일상생활에서의 대화

라희는 AI에 대한 편견이 없어서인지 종종 챗GPT에게 자신의 고민을 털어놓곤 했다. 속상했던 친구의 행동을 이야기하고는 챗GPT의 의견을 묻는다. 챗GPT는 엄마와 다르게 언제나 라희의 편에 서서 감정을 공감해 준다. 그럴 때면 라희는 더욱 신나서 마음속 이야기를 쏟아내곤 했다. 이 과정에서 자연스럽게 영어로 대화하며 영어 말하기와 쓰기 실력을 키우는 기회를 얻었다.

특히 라희가 "Can you tell me some jokes?"라고 물으면 챗GPT는 영어로 된 농담을 알려주곤 했다. 이를 통해 라희는 재미있게 영어를 배우며, 익숙하지 않은 단어와 표현도 자연스럽게 익혔다.

6. 추천 대화 주제들

- 좋아하는 것에 대해 묻기: Favorite book, Favorite movie, Favorite food, Favorite holiday, Favorite vacation, Favorite teacher, Favorite color, Favorite season, Favorite weather, Favorite type of animal, Favorite board game, Favorite type of exercise, Favorite type of gift 등
- 기타: Introducing yourself, Dream, Superpower, Best friend, Biggest fear, Accomplishment, Family

말하기에서 알아두면 좋은 팁

Tip 1: "Talk to me like I am your best friend."라고 말하며 시작하면 더 친근하고 편안한 대화를 할 수 있다.

Tip 2: 아이가 말을 할 때 챗GPT가 중간에 끼어드는 경우가 종종 있다. 이럴 땐 가운데 동그라미 버튼을 누른 상태에서 말을 하고, 말이 끝난 후 손을 떼야 끊김 없이 대화를 이어갈 수 있다.

Tip 3: 한국어로 질문하면 한국어로 대답하니, 한국어로 질문한 후에 영어로 대답해 달라고 하자.

쓰기:
문법 교정으로 글 수준 높이기

쓰기는 단순히 단어를 나열하는 것이 아니라 생각을 논리적으로 정리하고 표현하는 중요한 과정이다. 챗GPT를 활용하면 아이들이 영어로 글을 쓰는 데 필요한 자신감과 창의력을 키울 수 있다. 또한 챗GPT는 아이가 쓴 문장을 즉각적으로 피드백해 주고, 문법이나 표현을 교정해 주기도 한다. 이를 통해 아이들은 실수를 두려워하지 않고 자유롭게 글을 쓸 수 있으며, 점차 영어로 생각하고 표현하는 능력을 키울 수 있다.

특히 효과적인 방법 중 하나는 챗GPT에게 샘플 에세이를 요청한 뒤, 아이에게 그 에세이를 따라 써보도록 하는 것이다. 이 과정에서 아이는 단순히 글을 베끼는 것을 넘어 글의 구성과 표현 방식을 자연스럽게 익히게 된다.

나는 라희가 초등학교 3학년 겨울방학 때부터 이 방법을 활용하기 시작했다. 온 가족이 한강공원 썰매장에 다녀온 뒤에는 챗GPT에게 "'내 인생 최고의 주말은 한강공원에서 아빠와 썰매를 탄 것'이라는 주제로 미국 초등학교 5학년 수준으로 에세이를 써줘"라고 요청했다. 어느 날에는 라희가 슈링클스 종이를 가지고 놀다가 원리에 대해 궁금해하기에 "슈링클스 종이의 원리에 대해 미국 초등학교 5학년 수준의 에세이를 써줘"라고 요청하여 그 내용을 따라 적었다.

이런 활동을 하면 아이가 단순히 따라 쓰는 것을 넘어 자신의 경험을 글로 표현하면서 궁금증을 풀어가는 재미를 느낄 수 있다. 특히, 한국어로도 글쓰기가 어려운 아이들에게 영어로 쓰는 부담을 덜어줄 수 있다.

1. 샘플 에세이 요청

"~을 주제로 미국 초등학교 2학년 수준으로 에세이를 써줘."

"○○ 축제에 갔는데 이러이러한 점이 흥미로웠다는 내용을 넣어서 에세이를 써줘."

"여덟 살 소년 ○○가 특별한 힘을 가지게 되는 이야기를 만들어줘. 미국 초등학교 1학년 수준이어야 해."

샘플 에세이 예시

'내 인생 최고의 주말은 한강공원에서 아빠와 썰매를 탄 것'이라는 주제로 미국 초등학교 5학년 수준으로 에세이를 써줘.

The Best Weekend of My Life

Last winter, I had the best weekend of my life. My dad

and I went to the Han River Park in Seoul to spend the day together. The weather was freezing, but the sky was clear and blue. We bundled up in thick coats, gloves, and scarves to stay warm.

When we arrived at the park, I noticed the river was frozen, and the ground was covered with snow. Many families were enjoying sledding, and their laughter filled the air. My dad smiled at me and said, "Let's try it too!" We rented a bright red sled and found a perfect hill for sledding.

At first, I was a little nervous because the hill looked steep. My dad sat behind me, holding onto the sled tightly. He told me not to worry and that he would make sure we were safe. As soon as we pushed off, the sled zoomed down the hill. The cold wind rushed past my face, and I couldn't stop laughing. It felt like we were flying!

We spent hours going up and down the hill. Each

time, we tried to go faster and faster. My dad even pretended to fall off the sled on purpose, making me laugh so hard my stomach hurt. Afterward, we sat on a bench and drank hot chocolate to warm up.
Whenever I think about that weekend, I smile. It wasn't just the best weekend of my life; it was also a reminder that the simplest things, like sledding with my dad, can bring the greatest joy.

내 생애 최고의 주말

지난 겨울, 나는 생애 최고의 주말을 보냈다. 아빠와 함께 서울의 한강공원에 가서 하루를 보냈다. 날씨는 매우 추웠지만, 하늘은 맑고 파랬다. 우리는 춥지 않도록 두꺼운 코트와 장갑, 목도리를 챙겨 입었다.
공원에 도착했을 때, 강이 꽁꽁 얼어 있었고 땅은 눈으로 뒤덮여 있었다. 여러 가족들이 썰매를 타며 즐거운 시간을 보내고 있었고, 웃음소리가 가득했다. 아빠는 나를 보며 "우리도 한번 해보자!"라고 말씀하셨다. 우리는 밝은 빨간색 썰매를 빌려 완벽한 언덕을 찾았다.

처음에는 언덕이 가파르게 보여 조금 긴장됐다. 아빠는 썰매 뒤에 앉아 단단히 잡고 계셨다. 아빠는 걱정하지 말라며 안전할 거라고 말했다. 출발하자마자 썰매는 언덕을 빠르게 내려갔다. 차가운 바람이 얼굴을 스치고 지나가는데 웃음을 멈출 수가 없었다. 마치 날아가는 것 같았다!

우리는 몇 시간을 오르락내리락하며 보냈다. 갈 때마다 더 빠르게 내려가려고 노력했다. 아빠는 심지어 일부러 썰매에서 떨어지는 척해서 내가 배가 아플 정도로 웃게 만들었다. 그 후, 우리는 벤치에 앉아 핫초코를 마시며 몸을 녹였다.

그 주말을 떠올릴 때마다 미소가 지어진다. 그것은 단순히 내 생애 최고의 주말이었을 뿐만 아니라, 아빠와 함께한 썰매 타기처럼 가장 단순한 것들이 가장 큰 기쁨을 줄 수 있다는 것을 알게 해준 특별한 날이었다.

2. 문법 교정

"이 문장에서 문법적으로 잘못된 부분을 찾아 고쳐줘. 그리고 한국어로 수정 사항을 설명해 줘."

3. 라이팅 연습 주제 제안

"한국 초등 영어 학원 입학 시험에서 자주 출제되는 에세이 주제를 알려줘."

4. 아이가 쓴 글 수준 높이기

"단어를 미국 초등학교 ○학년 수준으로 바꿔줘."

"구체적인 예시를 들어 다시 써줘."

"형용사를 더 생생하고 자연스럽게 바꿔줘."

"어색한 문장을 자연스럽게 바꿔줘."

"일부 단어를 더 좋은 단어로 바꿔줘."

"첫 문단을 좀 더 재미있게 바꿔줘."

5. 문법 및 어휘 연습 문제 생성

"이 문장에서 틀린 문법을 올바르게 익힐 수 있는 문제 다섯 개를 만들어줘."

"객관식 문제로 만들어줘."

"이 주제와 관련된 어휘 연습 문제를 만들어줘."

6. 브레인스토밍

"~~ 제목으로 에세이를 쓰려고 해. 영어로 브레인스토밍을 해줄 수 있어?"

"~~ 제목으로 에세이를 쓰려고 해. ~~를 묘사할 수 있는 단어나 문구를 알려줘."

7. 글의 개요 작성

"~을 주제로 에세이를 쓰고 싶어. 다섯 문단으로 에세이 개요를 작성해 줘."

8. 글 길이 조절

"이 에세이를 더 길게(짧게) 써줘."

"이 에세이를 한 장 분량으로 써줘."

"이 문단을 더 짧고 간결하게 고쳐줘."

쓰기에서 알아두면 좋은 팁

Tip 1: 챗GPT의 답변을 확인한 후, "더 알려줘"라고 요청하면 더 풍부한 답변을 얻을 수 있다.

Tip 2: 한국어로 질문하면 한국어로 대답하니, "영어로"라고 요청하도록 한다.

Tip 3: 문법에 맞는 글쓰기를 처음부터 무리하게 시도하지 말고 챗GPT에게 샘플 에세이를 요청한 후 반복해서 따라 쓰는 연습을 하면 빠르게 실력이 향상된다.

읽기:
읽은 내용을 이해하고 요약하기

읽기는 단순히 글자를 따라가며 보는 것이 아니라 내용을 깊이 이해하고 자신의 말로 요약하는 과정이다. 아이들이 책을 읽을 때 중요한 것은 이야기의 흐름을 파악하고 거기서 핵심 메시지를 찾아내는 것이다. 이를 통해 비판적 사고력과 표현력을 키울 수 있다.

챗GPT에게 아이가 읽은 동화의 내용을 간단히 설명하라고 하면 아이의 설명을 듣고 이야기의 핵심을 짚어내거나 추가 질문을 통해 더 깊은 이해를 할 수 있도록 도와준다. 또 "이 이야기의 교훈은 무엇일까?"와 같은 질문을 통해 아이들이 스스로 생각해 보는 기회를 제공해 준다.

1. 읽은 책을 이해했는지 확인

"이 책(혹은 챕터)의 내용을 이해했는지 확인하기 위한 질문을 만들어줘."(객관식이나 단답형으로 요청 가능)

2. 요약

"이 책(챕터)의 주요 내용을 요약해 줘."

3. 해석

(페이지를 찍어서 보낸 후) "이 페이지를 해석해 줘."

4. 배경 지식 이해

"이 이야기의 배경을 설명해 줘."

듣기:
이야기부터 일상회화까지 활용하기

챗GPT는 아이들이 좋아하는 동화부터 일상 대화까지 다양한 콘텐츠를 제공해 영어 실력을 키우는 데 도움을 준다. 아이의 수준에 맞춰 간단한 문장부터 시작해 점차 난이도를 높일 수 있기 때문에 영어를 부담 없이 접하기 좋다.

예를 들어, 챗GPT에게 "Tell me a story about a cute rabbit!"이라고 요청하면 아이가 좋아하는 동물이 주인공으로 등장하는 짧고 재미있는 이야기를 들려준다. 또 "What should I say when I meet a new friend?"와 같은 질문을 통해 일상에서 활용할 수 있는 간단한 회화 표현도 배울 수 있다.

1. 이야기 들려주기

"다섯 살 아이가 이해할 수 있는 베드타임 스토리를 써줘. 주인공은 라희라는 다섯 살 아이로 해줘. 모험을 떠나는 이야기로 다섯 장 정도로 써줘."(아이가 최근 관심 있어하는 음식, 놀이 등을 넣어서 만들어달라고 해도 된다.)

2. 영어 듣기 퀴즈 풀기

"다섯 살 아이가 풀 수 있는 쉽고 간단한 영어 듣기 퀴즈를 만들어줘."

3. 일상생활 대화 듣기

"라희와 마트에 가려고 해. 마트에서 할 수 있는 대화를 알려줘."(마트로 이동하는 차 안에서 반복해서 들려주며 자연스럽게 익히게 한다.)

듣기에서 알아두면 좋은 팁

챗GPT에서 텍스트를 길게 누른 후 '소리 내어 읽기'를 선택하면 글을 영어로 읽어준다. 단, 이 기능은 모바일 기기에서만 가능하며 노트북에서는 지원되지 않는다.

9

하루는 24시간뿐, 현명한 가지치기를 해라

라희 또래의 주위 아이들을 보면 하루도 빼놓지 않고 종일 학원 뺑뺑이를 돌곤 한다. 아이가 어리고 시간이 있을 때 뭐든 하나라도 더 시키고 싶은 마음이야 이해하지만 **아이가 커갈수록 엄마는 무엇을 더 할지가 아니라 무엇을 뺄지 생각해야 한다.**

아이들에게 주어진 시간은 같다. 그 시간을 어떻게 효율적으로 쓰는지가 아이의 실력을 좌우한다. 여유롭게 독서할 시간과 운동 시간, 충분한 수면 시간, 아직 초등학교에 들어가기 전이라면 거기에 영상을 볼 시간을 확보하라. 그러고 난 뒤에 시간이 남는다면 다른 학원이나 다양한 활동을 추가하면 된다.

모든 걸 다 할 수 없기에 현명한 선택이 필요하다

나도 하루가 48시간이었다면 악기도 시키고, 운동도 하나 더 시키고 싶었다. 하다못해 라희가 잠만 적었더라도 화상영어 수업을 시켜주고 싶었다. 하지만 아이들은 자는 시간을 줄이며 공부해선 안 된다. 낮 시간 동안 배운 지식이 자는 시간에 대뇌 해마에 저장되기 때문이기도 하고 잠을 잘 자야 키도 크고 잔병치레도 적어지기 때문이다. 또 틈틈이 친구와 놀아야 하며 운동도 필수로 해야 한다.

그래서 나는 아이가 배우기 싫어하는 예체능은 다 정리했다. 대표적으로 악기가 있다. 나는 어렸을 때 플루트와 피아노, 크로마하프를 배워봐서 적성에 맞지 않는 악기 수업이 공부보다 더 스트레스를 받는다는 걸 잘 알았다. 그리고 예체능이야말로 공부와 달리 자신이 정말 즐겨 해야만 평생 가는 취미가 된다. 엄마가 억지로 시켜서 한 경우는 악기를 쳐다보기도 싫어서 한 번도 하지 않게 된다. 나는 그래서 수영도, 피아노도 학원을 관둔 이후엔 단 한 번도 하지 않았다.

그렇게 라희가 별로 즐거워하지 않는 피아노와 바이올린 수업을 바로 정리했고, 한글 맞춤법 연습도 책을 읽다 보면 자연스럽게 해결될 것이라 생각해 시키지 않았다.

라희가 다닌 일반 유치원은 오전에는 수업이 있고, 오후에는 선생님의 감독하에 자율적으로 교실에서 노는 시간이나 유료 영어 수업을 신청할 수 있었다. 그러나 나는 유치원에서 너무 늦게 끝나면 아이도 지치고, 운동할 시간도, 책 읽을 시간도, 영상을 볼 시간도 줄어든다고 생각했기에 신청하지 않고 놀이터에서 놀린 후 책도 읽히고 영상도 보여주었다.

이러한 가지치기는 영어 공부에도 적용된다. TESOL 교수이자 영국 애스턴 대학교의 명예교수인 앤 번스와 조지프 시걸의 연구에 따르면 아이에게 듣기, 말하기, 읽기, 쓰기 등 모든 영역을 동시에 가르치려고 하면 과부하가 걸려 오히려 비효율적이라고 한다. 그러니 단계적으로 차근차근 수준에 맞는 공부를 할 수 있게 해주어야 한다.

그래서 나는 미취학 시기에는 듣기와 읽기에만 집중했

다. 지금 라희는 라이팅은 잘 못하지만 자신이 충분히 잘하는 영역이 있으니 영어에 자신감이 충만하다. 이제 3학년이라 하루 10분씩 영어 에세이 따라 쓰기를 연습하고 있는데 부담 없이 즐겁게 하고 있다.

아이를 공부시키는 이유가 '엄마의 자랑'을 위해서가 아님을 항상 기억하자. 공부를 시키는 목적은 아이가 자신감을 가지고 더 멀리 나아갈 수 있도록 하는 것임을 잊지 말자.

10

사촌 동생을 하버드에 보낸 이모의 비법

내가 좋아하는 드라마 〈미생〉에는 다음과 같은 명대사가 나온다.

"네가 이루고 싶은 게 있다면 체력을 먼저 길러라. 네가 종종 후반에 무너지는 이유는 다 체력의 한계 때문이야. 체력이 약하면 빨리 편안함을 찾게 되고 그러면 인내심이 떨어지고, 그리고 그 피로감을 견디지 못하면 승부 따위는 상관없는 지경에 이르지. 이기고 싶다면 네 고민을 충분히 견뎌줄 몸을 먼저 만들어. 정신력은 체력의 보호 없이는 구호밖에 안 돼."

장그래의 바둑 스승이 한 이야기지만 수많은 직장인들이 이 대사에 공감을 표했다. 이 명대사는 공부하는 학생들에게도 적용된다. 고등학교 엄마들이 초등학교 저학년으로 돌아가면 시키고 싶은 것 중 1위가 '운동'이라고 한다. 체력이 받쳐줘야 공부도 할 수 있다는 사실을 그때 가서야 뼈저리게 깨닫기 때문이다.

그런 까닭에 나도 영어보다는 운동을 더 중시했다. 라희도 아기 때부터 아픈 날을 제외하고 덥든 춥든 나가 몸을 움직이며 놀게 했다. 태권도 시간에 늦을까 봐 영어 도서관에서 10분 먼저 나오는 날도 많았다. 제아무리 중요한 공부라도 체력이 받쳐주지 않으면 아무것도 할 수 없기 때문이다.

놀려본 엄마만이 아는 운동과 집중력의 상관관계

나는 어렸을 때부터 잔병치레가 많았다. 하지만 대학에 간 이후에 "나는 어렸을 때부터 자주 아파서 공부를 못했어"라고 말할 수 없다. 몸이 아파서 공부를 못했다는 것은 핑계만 되기 때문이다. 그런 경험이 있었기에 라희가 친구들과 놀 때도 집에서 앉아서 노는 것보다 놀이터에서 뛰어 놀게 했다. 엄마들이 유치원 때부터 엉덩이 힘을 길러야 한다고 생각할 때 나는 더 뛰어놀기를 원했다. 그리고 놀이터에서 실컷 놀려본 엄마만이 안다. 아이가 땀 흘리며 놀고 난 뒤에 얼마나 책에 집중하는지를 말이다. 운동 시간을 줄이고 공부를 시키는 것보다 실컷 놀게 한 후에 책을 읽도록 하는 것이 공부 측면에서는 훨씬 효과적이다.

하지만 운동에도 가지치기가 필요하다. 라희의 경우 수영은 그다지 즐겨 하지 않길래 정리했고, 댄스 수업도 동작을 외우는 데 스트레스를 받아 하기에 정리했다. 태권도는 학원 수업이 끝난 후 스트레스를 풀러 가는 식으로 다니기에 일주일에 서너 번씩 꾸준히 다녔다. 태권도 품띠를 따고 난 뒤에는 우연히 접한 아크로바틱이라는 운동에 푹 빠졌다. 방학 때 시간만 있으면 나를 졸라서 하루에 네 시간 동안 수업을 들을 정도였다. 다닌 지 몇 개월 되지도 않았는데 이미 옆돌기, 핸드스프링, 백핸드스프링을 하고 있다. 자기 인생은 이 운동을 하기 전과 후로 나뉜단다. 하루 공부가 끝나면 "드디어 보상의 시간이구나"를 외치며 학원을 간다. 운동이 끝나고 나면 언제나 재미있었다며 신이 나서 나온다.

운동을 즐겨 하는 아이라고 해서 모든 스포츠를 좋아하지는 않는다. 부모가 시키고 싶어 하는 운동 말고 아이가 좋아할 운동을 찾아주자. 그래야 공부 후 스트레스를 맘껏 풀 수 있다.

가지치기로 만든 하버드의 길

운동은 단순히 체력을 길러줄 뿐만 아니라 성취감을 경험하게 해주는 아주 훌륭한 수단이다. 부모가 아이에게 주어야 할 가장 중요한 경험 중 하나가 바로 **'스스로 해낼 수 있다'는 느낌에서 오는 성취감**이다. 공부와 달리 운동은 아이들도 몇 년만 하면 웬만한 어른보다 더 잘한다. 그런 이유로 미국 대학입시에서는 공부뿐만 아니라 운동에서 어떤 성취감을 느꼈는지 보는 것이다.

최근 하버드 박사과정에 합격한 사촌 동생이 방학이

되어 돌아왔다. 불과 몇 개월 사이에 동생이 몸짱이 되어 돌아와서 놀랐다. 공부에 지쳐서 올 줄 알았는데 어떻게 된 일이냐고 물으니 하버드는 온갖 스포츠들을 할 수 있게 시설이 너무 잘 되어 있단다. 그래서 매일 테니스도 치고 다양한 운동을 하다 보니 몸이 좋아졌다는 것이다.

사촌 동생은 서울대 경영학과에서 학부와 석사를 나와서 하버드에 진학했다. 얼마 전 하버드 입학 축하 자리에서 이모에게 물어보았다. 그렇게 공부를 잘하게 만든 비법이 무엇이냐고 말이다. 이모는 나에게 한마디를 해주었다.

"너무 바쁘게 만들지는 마라. 그러면 책을 보지 않더라."

이모 역시 가지치기의 중요성을 잘 알고 실천했던 것이다.

11

다시 돌아간다면 이것만은 꼭!

지난 몇 년 동안 엄마표 영어를 실천해 오면서 이만하면 잘해왔다고 생각하지만 그래도 몇 가지 후회되는 지점들이 있다. 여러분들은 나와 같은 실수를 하지 않기를 바라며 마지막으로 다시 돌아간다면 꼭 챙겨야 할 일들에 대해 이야기해 보도록 하겠다.

모든 책을 다 구입할 필요는 없다

첫 번째 후회는 거의 모든 책을 빌리지 않고 다 구입한 것이다. 주변에 걸어갈 수 있는 거리에 도서관이 없기도 했고, 워낙 책 사는 것을 좋아해서 리틀코리아 전집을 제외하고는 다 돈을 주고 구입했다. 그렇게 대략 4,000만 원어치 정도는 산 것 같다(그렇다. 400만 원이 아닌 4,000만 원이다).

초등학교 1학년 여름방학 때 라희가 학원을 다니기 시작하면서 드디어 도서관에 책을 빌리러 갈 시간이 생겼고, 나는 그제야 알게 되었다. 집 주변에 꼭 크고 좋은 도서관이 있을 필요가 없다는 것을 말이다!

집 주변에 크고 잘 갖춰진 도서관이 없어도 걱정할 필요 없다. 작은 도서관만으로도 원하는 책을 충분히 빌릴 수 있다. 거주하는 동네에 있는 큰 도서관(중앙도서관) 홈페이지에서 책을 검색한 뒤 '상호대차' 서비스를 신청하면, 집 근처 작은 도서관에서 책을 받아볼 수 있다.

큰 도서관에 내가 찾는 책이 없다고? 그래도 상관없다. 상호대차 서비스는 다른 도서관에 있는 책을 가까운 도서관으로 무료 배달해 주기도 한다. 만약 그 도서관이 강남구에 속한다면 강남구 통합도서관 홈페이지에 들어가 다른 강남구 도서관에 있는 내가 원하는 책을 찾은 후 '상호대차'를 신청하면 된다. 상호대차 혹은 '책나르샤'라고 불리는 이 서비스는 내가 배달받을 도서관에 그 책이 없을 경우에만 배달해 준다. 그러므로 집 주변의 도서관에 볼 책이 적다고 해도 괜찮다. 상호대차 서비스는 한 아이디당 다섯 권씩 집 주변의 도서관으로 책을 배달해 준다. 당연히 구에서 운영하는 것이기 때문에 가격은 무료다.

가족 구성원이 각각 아이디를 만들면 더 많은 책을 대출할 수도 있다. 1인당 다섯 권씩이니 세 명의 아이디를 활용하면 매번 15권을 빌릴 수 있는 것이다. 해당 도서관에서 아이디당 다섯 권씩 빌리는 책을 제외하고도 말이다.

나는 요즘 집 주변에 새로 생긴 도서관을 이용하고 있다. 내 아이디, 남편 아이디와 라희 아이디를 활용하여 도서관에서 15권을 빌린다. 상호대차를 신청한 책들도 15권 가져온다. 이렇게 도서관 한 곳만 이용해도 하루 최대 30권을 빌리는 게 가능하다.

전국의 도서관을 이용하는 방법, '책바다' 서비스

지역 도서관에서 원하는 책을 찾을 수 없다면 전국 도서관의 책을 검색하고 배달받을 수 있는 '책바다' 서비스를 이용해 보자. 유료(3권당 1,500원)지만 구하기 어려운 책을 빌리는 데 아주 유용하다.

넘버블록스를 미리 보여주지 못한 것

넘버블록스는 영국 BBC에서 만든 수학 영상이다. 내가 추천해서 넘버블록스를 보여준 지인의 아이들은 수를 직감적으로 받아들이는 수감이 생겼을 뿐 아니라, 더하기 빼기, 곱하기까지 따로 연산을 시키지 않았는데도 원리를 이해한다는 얘기를 들었다. 무엇보다 수학에 대한 거부감이 전혀 없다고 말이다. 라희도 처음 수를 접할 때부터 넘버블록스를 보여주었어야 했는데 그러지 못한 것이 후회스럽다. 나중에 보여주기는 했지만 이미 연산을 배우고

난 뒤에 본 것은 그다지 효과가 없었던 것 같다.

학습만화를 보여주지 않은 것

학습만화가 정말 도움이 되는지는 전문가들 사이에서도 의견이 갈리는 편이다. 하지만 학습만화에는 분명한 장점이 있다. 우선, 여러 배경 지식을 쌓는 데 도움이 된다. 책을 읽지 않는 아이라면 책을 좋아하게 만들기도 쉽다. 독서가 즐거운 경험으로 자리 잡게 되는 것이다. 그래서 학습만화에서 줄글 책으로 넘어가기가 그렇게 어렵지 않다.

하지만 나는 영어 만화책을 제외한 한국어 만화책을 지나치게 기피했다. 그러다 보니 점점 더 창작책 위주로만 읽히게 되었다. 반면 라희 친구 중에는 학습만화 책만 보는 아이가 있었는데, 초등학교 2학년 때 한 웩슬러 검사에서 언어지능이 0.1퍼센트가 나왔다고 한다. 무엇보다 그 아이는 백과사전처럼 다양하고 깊은 지식을 가지고 있어서 그 아이와 대화하면 늘 내가 모르던 것을 알게 되었다. 그래서 라희에게도 뒤늦게 『why?』 시리즈와 『살아남기』 시리즈 등을 읽혔는데 점점 지식이 쌓이는 것이 보였다. 물론 재미있는 부분만 읽고 넘긴 적도 많았지만 말이다. 아직은 시간이 여유로웠던 미취학 시기에 한국사나 과학쪽 학습만화를 많이 읽힐 걸 하는 후회가 있다. 무엇보다 한국사에는 당시의 생활상과 관련된 내용들도 많이 나오기 때문에 만화로 보는 것이 이해하기 쉽다.

수능 영어는 영어 실력보다도 배경 지식이 좌우한다. 국어도 마찬가지다. 배경 지식의 차이가 문해력의 차이를 가져오기도 한다. 그래서 고학년이 되기 전에 학습만화를 많이 읽힐 예정이다.

웩슬러 지능 검사(WISC 또는 WAIS)

표준화된 지능 검사로, 평균이 100점, 표준편차가 15점인 정규분포를 따른다. 상위 0.1%는 대략 IQ 145-150 이상에 해당하는 매우 높은 점수다. 이 결과는 해당 개인의 언어적 이해, 언어적 추론 능력 등이 같은 연령대보다 뛰어나다는 것을 의미한다.

이런 경우라면 그냥 영유 보내세요

이 책은 영유를 보내지 말라고 강요하는 책이 아닌, 영유를 보내지 않고도 아이의 영어 실력을 길러줄 수 있었던 다양한 방법을 적은 책이다. 하지만 나는 다음과 같은 경우에는 영유를 보내야 한다고 생각한다.

우선, 부모가 영유를 보내지 않는 것에 너무 불안감을 느끼는 경우라면 차라리 보내는 게 낫다. 어떤 교육이건 부모 마음이 편해야 한다. 부모가 불안이 크면 그 불안이 그대로 아이에게 전염되고, 아이를 다그치게 되어 결국 아이를 지치게 만든다. 단, 석 달 정도(석 달이 너무 길다면 한 달이라도) 이 책에서 제안한 방법을 시도해 보고 보내기를 권한다.

둘째, 초등학교를 유학이나 국제학교에 보낼 계획이라면 영유에 보내야 한다. 만약 일반 초등학교에 갈 예정인데 영유를 보낸다면, 아이가 하루 종일 한국어 수업 환경에서 생활하다 보면 스피킹 실력이 많이 줄어들 수 있음을 감안하고 보내도록 한다.

셋째, 아이가 나서는 것을 좋아하고 외향적이며 이미 엄마가 영상 노출을 충분히 해줘서 아이가 먼저 영어로 말해보고 싶다고 조르는 경우라면 아이가 영유를 즐겁게 다닐 가능성이 높다.

모든 아이는 다 다르다. 영유를 나와서 영어를 매우 잘하는 아이도 있고, 잘 못하는 아이도 있다. 전직 영어 교사 효린파파 님의 조사 결과에 따르면 영어를 매우 잘하는 아이들 중 영유를 나온 아이들의 비율이 48퍼센트라고 한다. 즉, 영유가 영어를 잘하게 되는 결정적 요인은 아니며 영유를 나오지 않아도 충분히 영어를 잘할 수 있다는 얘기다.

영유는 사실 논쟁의 대상이다. 그리고 예민한 주제다. 그래서 교육 전문가들조차 쉽게 건드리지 않는 주제이기도 하다. 영유는 이미 대세가 됐고 성과를 낸 아이들도 많은데 괜히 그런 이야기를 하면 그 많은 아이들을 한순간 적으로 만들어버릴 수 있기 때문이다.

동생 부부에게 글을 쓰다가 보니 어쩌다 책까지 내게 되었지만, 나 또한 다른 집 아이의 교육에 이래라저래라 하는 것을 금기로 여기고 지냈다. 부모가 누구보다 내 아이를 위하는 마음으로 치열하게 고민하고 내린 결론일 것이기 때문이다. 나는 지금도 영유를 보내지 말라고 강요하고 싶은 마음은 추호도 없다. 다만 내가 영유를 보내지 않은 이유, 집에서 엄마와 아이가 함께할 수 있는 공부 방법과 그 결과를 적어 내려갔을 뿐이다. 이 책을 읽고 여러분께서 취사 선택하시기를 바란다.

에필로그

그래도 영어 유치원이 고민된다면

조카가 태어났다. 내 아이를 돌보느라 바빠서 자주 보지는 못했지만, 어느새 아장아장 걸으며 환하게 웃는 모습을 보게 되었다. 그 미소는 어린 시절 내 동생의 모습을 떠올리게 할 정도로 닮아 있었다. 그 웃음을 지켜주고 싶은 마음이 들었다. 그래서 이 책을 쓰게 되었다.

조카의 아빠, 그러니까 제부는 아이가 영어를 원어민처럼 잘하길 바랐다. 라희가 영어를 잘하는 것을 알고 있었으니, 나에게 조언을 구하기도 했다. 하지만 짧은 대화로는 내가 사용한 방법을 충분히 설명하기가 어려웠다. 동생은 아직 우리말도 제대로 못 하는 세 살 아이를 영유에 보내야 할지 고민하고 있었다.

사실 나도 한때 영유를 고민한 적이 있었다. 아이의 중요한 시기를 내 잘못된 선택으로 낭비하지 않을까 하는 불안감 때문이었다. 유치원에 보낼 시기가 되자, 영유 상담을 받으며 매일같이 고민했다.

하지만 결국 나는 아이를 영유에 보내지 않기로 했다. 단순히 비용 절감이 이유는 아니었다. 나는 내 아이가 조금 더 행복한 유년 시절을 보내길 바랐고, '영어만 잘하는 아이'가 아닌 '영어도 잘하는 아이'로 키우고 싶었다.

라희는 책보다는 친구들과 뛰어노는 것을 좋아하고, 성격이 예민하며, 말을 늦게 배운 아이였다. 그럼에도 초등학교 3학년인 지금, 미국 초등학생 6학년이 읽는 영어책을 이해할 수 있을 정도로 성장했다.

처음 내 글에 주목해 준 출판사 편집자를 만났을 때, 그분이 내게 물었다.

"어떻게 흔들리지 않을 수 있었나요?"

그 질문에 잠시 당황했던 기억이 난다. 내게는 이 방법이 너무나 당연했기에 의심해 본 적이 없었기 때문이다. 집으로 돌아와서야 '정말 나는 어떻게 한 번도 흔들리지 않았을까?' 하고 생각해 보았다.

엄마표 영어를 실천하는 부모들은 오히려 영어 유치원을 선택한 부모들보다 덜 불안해하는 경우가 많다. 그 이유는 아이가 눈에 띄게 성장하는 모습을 보면서, '이 방법이 맞구나'라는 확신을 갖게 되기 때문이다.

지금까지 내가 설명한 방법은 비단 나만 실천한 것이 아니다. '잠수네'를 비롯한 엄마표 영어를 시도하는 대부분의 사람들이 이 방법을 썼고, 그 결과 눈부신 효과를 보았다. 제아무리 좋고 유명한 학원이라도 학원의 커리큘럼이나 방법이 내 아이와 맞지 않으면 효과를 낼 수 없다. 하지만 책을 많이 읽히고 영상으로 영어를 배우는 방법은 아이의 성향, 지능과 상관없이 누구나 효과를 낼 수 있는 방법이다.

이 책에서 소개한 방법은 라희가 수능을 준비하든 유학을 가든 어디에서든 통할 수 있는 정석 같은 방법이라고 생각한다. 나는 이 방법에 대해 단 한 번도 흔들리지 않았다. 라희의 성장을 보며 이 길이 옳다는 확신이 점점 더 커졌기 때문이다.

물론, 내가 조금 다른 길을 걷다 보니 주변에서 의아한 시선을 받기도 했다. 그런 시선을 전혀 신경 쓰지 않았다고 하면 거짓말일 것이다. 하지만 나는 내 아이에게 더 나은 방법이 있다면 남들이 가는 길을 따르기보다는 그 방법을 선택하고 싶었다. 내 아이가 단기적인 목표가 아닌 장기적인 성장을 이루길 바랐다. 용기 있는 엄마 밑에서 자란 아이는 더 크게 자랄 수 있다고 믿었다. 돌이켜보면, 내 아이를 중심으로 한 선택에는 후회가 없다.

이 책을 집게 된 엄마들이라면 아마 영유에 대해 무척 깊이 고민하고 있을 것이다. 그 마음을 너무나 잘 알기에 이 책이 여러분의 고민과 불안을 조금이나마 덜어줄 수 있기를 바란다. 더불어 내가 마음의 빚을 진 많은 육아서들처럼 내 책도 누군가에게 작게나마 도움이 되길 간절히 바라본다.